阳光玫瑰葡萄

精品果

培育技术

严大义 马海峰 ◎ 编著

YANGGUANG MEIGUI PUTAO
JINGPINGUO
PEIYU JISHU

中国农业出版社
北 京

图书在版编目（CIP）数据

阳光玫瑰葡萄精品果培育技术/严大义，马海峰编著．—北京：中国农业出版社，2024.4

（葡萄产业促振兴丛书）

ISBN 978-7-109-31861-8

Ⅰ.①阳… Ⅱ.①严…②马… Ⅲ.①葡萄栽培 Ⅳ.①S663.1

中国国家版本馆CIP数据核字（2024）第066623号

中国农业出版社出版

地址：北京市朝阳区麦子店街18号楼

邮编：100125

责任编辑：陈沛宏 李 瑜 王琦瑢

版式设计：杨 婧 责任校对：吴丽婷 责任印制：王 宏

印刷：中农印务有限公司

版次：2024年4月第1版

印次：2024年4月北京第1次印刷

发行：新华书店北京发行所

开本：880mm×1230mm 1/32

印张：3.5

字数：97千字

定价：35.00元

前　言

　　现代设施农业的发展，越来越走上装备制造方向，使园艺作物的生产尽可能摆脱自然的束缚。我国鲜食葡萄生产也由露地走向设施，为阳光玫瑰葡萄创造生长发育的必要条件，并开始实现土、肥、水、气、光、温、风等可控。

　　阳光玫瑰葡萄植株与其他鲜食葡萄一样，也是由根、茎、叶、花和果构成，每一部分既可单独成章，又是相互关联，要是面面俱到，实属书写篇幅太大。为此，本书破旧创新：把品种来源、优缺点、生物学和栽培学特性等归纳为第一章概述；把"葡萄的一生"概述为第二章生物学周期，尽可能说清不同时期葡萄生长发育的生物学原理；把葡萄建园列为第三章，犹如工业生产建设厂房一砖一瓦一样，葡萄的设施建设也可以预先设计，按图生产，然后一片一片相互连接成大棚建园。

　　本书的重中之重，在于葡萄生长和葡萄结果这两大主题，核心是阳光玫瑰葡萄精品果的培育。我们把有关葡萄树体生长的理论与实践归纳成第四章葡萄树体生长与整形修剪，把有关葡萄花芽形成和开花结果的理论与实践归纳成第五章葡萄结果与花果管理，这样既便于维护树体健康成长，又突出开花结果的最终收获。

此外，第六章葡萄土肥水管理，重点突出肥水一体化；把对葡萄具有破坏性的病虫害和有可能发生的自然灾害合并到第七章葡萄园安全保护。最后，第八章葡萄采收和采后管理，强调采收技术、采后树体恢复和休眠期防冻害的重要性，并提出创新销售的新设想。

全书共八章，既有葡萄学科的基础理论，让果农学习理解技术知识，又突出葡萄生长和结果各个环节必须掌握的实践技能，为葡萄生产出谋划策，让读者知其然又知其所以然。但作者水平有限，错误之处希望读者指正，万分感谢！

严大义（13604007775）
2023年8月于沈阳农业大学

沈阳农业大学教学楼主楼（河源 摄影）

目　录

葡萄是世界四大水果之一，我国除了香港、澳门两个特别行政区之外，全国其他各省（自治区、直辖市）都有葡萄生产种植基地，全国鲜食葡萄面积已超千万亩*，年产量近千万吨，已经多年位居世界"双第一"。近十多年来，全国各地又掀起种植阳光玫瑰葡萄的热潮，尽管阳光玫瑰的生长势强旺、适应性好、抗逆性强，然而要将它培育成精品果，并非易事，需要栽培者的科学技术、精细管理、智慧经营。为此，我们做了一些调查研究总结了多方经验，围绕阳光玫瑰葡萄的健康管理和品质提升给出建议，以期为栽培者提供更多的思路和生产技术与经营管理方案，促进我国葡萄产业的创新和提质增效。

第一章
阳光玫瑰葡萄概述

一、阳光玫瑰葡萄的来源

（一）阳光玫瑰葡萄起源于日本

　　阳光玫瑰葡萄起源于日本，日文名称为：シャインマスカット，

---

*亩为非法定计量单位，1亩约为667米²。——编者注

英文名称为：Shine Muscat。1988年由日本农林水产省果树试验场安艺津支场采用葡萄安艺津21号为母本和白南为父本杂交，1993年初选，1997年决选，1999年开始在28个都道府县的30个国立试验研究机构进行系统试验，于2003年经审定命名为阳光玫瑰。但是，很快发现它感染葡萄病毒严重，随即开展为期三年的脱毒工作，于2006年取得无病毒枝芽并进行品种登记（图1-1）正式向社会推广，2007年开始向生产者提供脱毒苗木。从此，世界鲜食葡萄又出现了一个外观美品质优的欧美杂交种二倍体新品种。

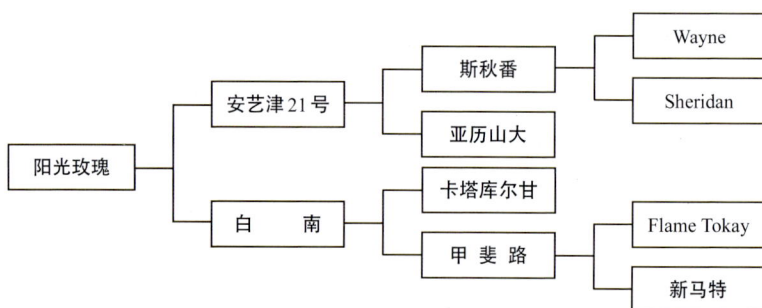

图1-1　阳光玫瑰谱系图

Wayne，Sheridan，Flame Tokay 为美国早期葡萄品种；新马特，甲斐路，安艺津21号为日本品种

（二）日本阳光玫瑰葡萄"晴王"品牌

"晴王"是2011年日本全国农业协同组织联合会冈山县注册的阳光玫瑰葡萄商标。该商标的使用非常严格，要求果农生产的阳光玫瑰葡萄达到顶级（特优）品质标准才可使用（图1-2）。

以下是"晴王"葡萄的6条主要技术指标：

1.花序出现（日本当地2月8日）　阳光玫瑰葡萄的花芽质量直接决定花量和坐果质量。花序出现意味着"护理"时期来到。

2.疏花（日本当地3月1日）　1个果枝留1个花序，而且只保留前端3厘米长的花序尖，为接下来的保果、疏粒提供方便。

　　3.保果和膨果（日本当地3月16日和3月末）　待花全部开放后进行保果处理：20毫克/升赤霉酸+2毫克/升氯吡脲浸花序（凡是处理后的花序用夹子做标记）；膨果处理是在盛花后两周时间前后，同样用20毫克/升赤霉酸+2毫克/升氯吡脲浸果穗。

　　4.疏粒（日本当地4月3日）　疏粒留果是培育"晴王"葡萄的一项关键作业，果穗由上往下：上部两层5个支梗，每个支梗留4粒；中部3层5个支梗，每个支梗留3粒；下部一层6个支梗各留1粒，一穗留40粒左右。数列疏果图为：4444433333111111。

　　5.转色（日本当地6月17日）　果皮逐渐由纯绿色渐变为绿色偏黄。

　　6.成熟（日本当地7月上旬）　"晴王"葡萄成熟时质量标准：单粒重14克以上，糖度18白利度以上，果肉爽脆，果皮无涩味。一穗40粒左右，重量600克左右（图1-2，图1-3）。

图1-2　"晴王"阳光玫瑰　　　　图1-3　阳光玫瑰丰产园

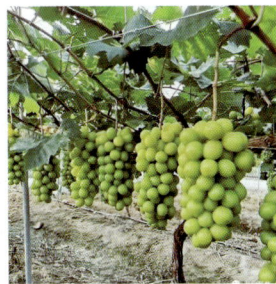

（三）日本阳光玫瑰群葡萄育种谱系

　　日本自从2006年阳光玫瑰葡萄新品种登记以后，认定它是近些年来育出的最有价值的葡萄品种，无论是科研单位或葡萄产业个体都争先恐后地选择与阳光玫瑰的亲本组合杂交育种。截至2018年底，已知全国共有11个优良杂交组合，培育出阳光玫瑰后代近20个（表1-1）。

表1-1　近年日本阳光玫瑰群葡萄育种谱系（截至2018年资料）

序号	亲本		后代品种
1	红芭拉多（♀）		神红
2	极高（♂）		黑阳光玫瑰
3	天山（♀）		雄宝、天晴
4	温可（♀）		我的心·我的道、红国王、美和姬
5	温可（♂）		富士之辉
6	甲斐乙女（♀）	阳光玫瑰	高托比
7	红地球（♂）		恋人
8	独角兽（♀）		葡萄长果11号
9	美人指（♂）		麦当娜红宝石
10	淑女指（♂）		思小指
11	红罗莎（♀）		红阳光玫瑰、阳光玫瑰13、浪漫红颜
12	山梨47号（♀）		宝石玫瑰

（四）日本阳光玫瑰葡萄群部分新品种简介

1. 浪漫红颜（Scarlet）　植原葡萄研究所采用红罗莎×阳光玫瑰而得，2010年开始结果（图1-4）。

果穗圆锥形，平均穗重500～600克；果粒长椭圆形，果顶平，果脐凹陷，平均粒重12～13克；果皮鲜红至紫红色，可带皮食用；果肉脆、硬，无香味，含糖量18%～22%，含酸量低，有种子，非常适合激素诱导无核和果粒膨大处理。

图1-4　浪漫红颜

树势强壮，抗病性强，适宜长、短梢修剪。栽培管理容易，浆果易着色，无裂果现象，外观漂亮，品质虽然不及阳光玫瑰，但也是欧美种中佼佼者。在原产地日本山梨县，浆果8月中旬至下旬成熟，为中熟品种；在我国河北省秦皇岛地区，浆果9月底至10月上旬成熟，为国庆、中秋两节佳品。

2. 红阳光玫瑰（Nouyelle Rose）　植原葡萄研究所采用红罗莎×阳光玫瑰而得，2010年开始结果（图1-5）。

果穗长圆锥形，平均穗重500～600克；果粒长椭圆形，平均粒重7～9克；果皮鲜红色，可带皮食用；果肉平滑适口，有玫瑰香味，含糖量20%左右，含酸量低，口感极好。有种子，适合使用激素诱导无核和果粒膨大处理。

图1-5　红阳光玫瑰

树势强壮，易萌芽，枝条成熟好，浆果易着色，外观漂亮。原产地在日本山梨县，浆果8月下旬至9月上旬成熟（与阳光玫瑰同期）。

3. 阳光玫瑰13（Muscat Thirteen）　植原葡萄研究所采用红罗莎×阳光玫瑰而得，2011年开始结果，与红阳光玫瑰是姐妹系（图1-6）。

果穗圆锥形，较大，果粒呈椭圆形，果顶平，果脐凹陷、平均粒重9克，果皮黄色，皮薄，可带皮食用，充分成熟时浆果有透明感觉；果肉柔软多汁，有玫瑰香味，含糖量18%～20%，含酸量低，有种子，可通过激素诱导无核。

图1-6　阳光玫瑰13

树势强壮，抗病性强，丰产，无裂果现象，栽培管理容易。浆果外观漂亮，内在品质上等。在日本山梨县地区，浆果8月下旬至9月中旬成熟；在我国河北省秦皇岛地区浆果9月上旬开始成熟，属中熟品种。成熟的葡萄不裂果，不落粒，可在树上挂果1个多月。

4. 黑阳光玫瑰（Muscat Noir）　植原葡萄研究所用阳光玫瑰×

极高而得，2014年结果（图1-7）。

果穗圆锥形，平均穗重500～600克；果粒椭圆形，中等大（30毫米×24毫米），9.6克；果皮紫黑色，很结实，不涩，可食用；果肉质地光滑，稍有玫瑰香味，含糖量18%～21%，含酸量低，有种子，可通过激素诱导无核和果粒膨大处理。

树势健壮，抗病性强，栽培管理容易。在日本山梨县浆果8月下旬至9月初成熟，属中熟品种。成熟的葡萄不裂果、不脱粒，可在树上保持到9月末。

图1-7　黑阳光玫瑰

5.宝石玫瑰（Jewel Muscat）　日本山梨县果树试验场培育，亲本为山梨47号[七月玫瑰（July Muscat）×里查马特]×阳光玫瑰。2006年杂交，2010年品种登记。

果穗圆锥形，平均穗重600克；果粒长椭圆形，平均粒重18克；果皮黄绿色，成熟时略有黄斑出现，果皮不涩，可带皮食用；果肉脆、硬，含糖量18%左右，含酸量低，风味好，无香味，有种子，可通过激素诱导无核和果粒膨大处理。

树势强壮，抗病性强，栽培容易。在日本山梨县原产地浆果9月上旬成熟，比阳光玫瑰成熟期晚10天左右。

6.富士之辉　日本葡萄育种家采用阳光玫瑰×温可育成（图1-8）。

果穗圆锥形，平均穗重500克；果粒长圆形，果顶平，果脐凹陷，平均粒重12～13克，最大可达28克；果皮紫黑色，无涩味，可带皮食用；果肉脆、硬，无香味，含糖量20%左右，含酸量低，口感好，有种子，可通过激素诱导无核，适合无核化栽培。树势强壮，抗病丰产。

图1-8　富士之辉

7.天晴 由天山×阳光玫瑰育成的巨大粒有核鲜食葡萄（图1-9），比鸡蛋还大，一般单粒重22～25克，经疏花疏果和赤霉素膨大处理后，最大单粒重可达45克。果粒呈椭圆形，黄绿色，果粉少，有光亮，肉质硬脆，含糖量18%～19%，穗重600～1 200克，具有玫瑰香味，形、色、品质均似阳光玫瑰。在我国河北省昌黎地区长势健壮，葡萄浆果9月20日充分成熟，属中晚熟品种。

图1-9 天晴

二、我国阳光玫瑰葡萄概述

（一）我国是最早引进阳光玫瑰葡萄种植的国家

我国是第一时间得到阳光玫瑰葡萄新品种的国家，2007年前后从日本引进阳光玫瑰脱毒苗木建园，栽植成活率高，生长健壮，易成花结果，并且果穗美、品质优。

阳光玫瑰（图1-10），欧美杂交种，二倍体。果穗圆锥形或圆柱形，穗重500～800克；果粒长椭圆形，自然粒重8～12克，每粒含种子1～2粒，经激素处理后全穗果粒几乎都为无核，而且单粒重也大幅度增加至13～16克或更大；可溶性固形物含量18%～22%或更高，具有

图1-10 阳光玫瑰（标准穗）

玫瑰香味。植株生长强旺，抗逆性强，适应高温潮湿环境，花芽分化好，易结果，早丰产；浆果成熟后树上挂果时间长达2～3个月，采收后耐贮运。

阳光玫瑰葡萄由于父本白南继承了欧亚种的特性，所以具有高糖、醇香、优质的鲜食品质；果皮黄绿色，皮薄光亮不涩，可带皮食用；果肉爽脆、多汁、细腻、美味。

阳光玫瑰葡萄由于母本安艺津21号继承了欧美种特点，所以拥有树势强旺、适应性广、抗逆性强、容易管理等美洲种的特性，而且花芽分化好、穗大、粒大，只要栽培管理到位，抗病又丰产。如今，阳光玫瑰葡萄已成为我国人民最受欢迎的鲜食葡萄之一！

（二）我国阳光玫瑰葡萄产业现状

近十几年来，我国葡萄产业界掀起种植阳光玫瑰葡萄的热潮，仅辽宁省该品种每年的育苗量就达千万株以上，至少可供全国各地新建阳光玫瑰葡萄园近10万亩。至今全国阳光玫瑰葡萄栽培面积100多万亩，已占2020年全国鲜食葡萄1 100多万亩的1/10以上，排在巨峰、红地球、夏黑品种之后。据笔者所知，当前国内大型果品市场综合评判经无核和膨果处理栽培的阳光玫瑰葡萄：穗大、粒大、高糖、浓香、脆肉、无核、耐贮运、货架期长。这是很高的评价，很受市场欢迎！

据中国农学会葡萄分会专家调查资料显示：我国十多年来阳光玫瑰葡萄发展有5个特点：①发展特别快，种植面积已有100多万亩；②已进入我国鲜食葡萄主栽品种行列；③精品果比例不足10%，市场潜力巨大；④错季优势大，全国促早栽培和延晚栽培的阳光玫瑰优质果均有很强的市场竞争优势；⑤优质果利润可观，而且市场表现坚挺。比如深圳鹏城农夫葡萄园（图1-11），栽种150亩阳光玫瑰葡萄，2017年收入900万元，亩均产值6万元；云南省元谋县东方红葡萄专业合作社，2018年5月收获2 000吨阳光玫瑰葡萄，以每千克80元的价格全部卖出；2019年云南省建水县葡萄种植户许家忠（图1-12）收获的600亩阳光玫瑰，以每亩12万元卖出了好价钱，一年收入就是7 200万元。

近年来，除最北部寒冷区、西北沙漠干旱区、高寒地区和沿海、内陆河、湖旁洼地积水区等以外，阳光玫瑰葡萄园在我国犹如雨后春笋般蓬勃发展（图1-11，图1-13，图1-14，图1-15）。

图1-11　深圳鹏城农夫葡萄园
左：连栋大棚　右：根域限制栽培

图1-12　云南省建水县许家忠葡萄园

图1-13　广州南国葡萄园
左：园区大门　右：葡萄走廊

图 1-14　佛山顺德葡萄园
左：控根器栽培葡萄　右：控根生产也丰收

图 1-15　河北怀来诚投农业开发公司连栋大棚葡萄园

（三）我国阳光玫瑰葡萄产业前景

　　十几年前，一串阳光玫瑰葡萄能卖到好几百元，而2022年阳光玫瑰葡萄一下跌破20元/千克。就在人们对阳光玫瑰葡萄前景的议论中，从事葡萄行业的专业人员认为其价格下跌很正常：一是葡萄本来就不是奢侈水果，它的本位就是像巨峰、红地球和夏黑那样的大众品种水果，价格适中就能广开销路进入普通百姓家；二是市场上出现同一品种优质优价、低质低价，售价适当拉开，能增强种植者种好葡萄的信心，促进葡萄行业多产精品果，提高全国葡萄栽培技术水平；三是葡萄是高产水果，通常亩产2 000千克是正常产量，阳光玫瑰能卖上10元/千克，亩产值就是2万元，相当于粮食作物的近10倍。所以，种植阳光玫瑰葡萄仍然是乡村振兴的"致富宝"。

目前，我国真正懂技术善经营，能把阳光玫瑰葡萄种出精品果的人，还是少数，盲目跟风建起阳光玫瑰葡萄园，跟着别人边学边干的人还是居多。因此，2022年就出现在家等候收购、价格虽低一时也不易卖出的货主，究其根本原因，就是货不如别人。确切地说，阳光玫瑰葡萄虽然长势旺、抗性强、易成花、早丰产，但品种再好也得按其生长结果特性的要求，一株一穗精心管理，才能种出外观好看、内在质优、好贮耐运、市场认可、价高好卖的果实。

最近有幸得到一个阳光玫瑰葡萄种植公司"腾飞"的信息。四川果怡农业科技有限公司（图1-16），地处眉山市彭山区公义镇，属于平原气候特点：葡萄生长季阴雨天多、光照时数少、蒸腾蒸发量大，并不是葡萄栽培的最适区。可是，果怡公司今年一号基地中的400亩现代化避雨棚（图1-17），种植的阳光玫瑰葡萄幼树第一年结果投产（图1-18），平均亩产2 000千克，一级果（精品果）率达到90%，批发销售价格36元/千克，全年销售收入超过2 500万元。究其如此高昂业绩，自然该公司有最有效的科学管理模式，仅看该公司2023年8月2日给笔者发到沈阳的阳光玫瑰葡萄果实，经检测结果：果穗圆柱形，平均穗重850克，

图1-16　四川果怡农业科技有限公司大门

图1-17　现代化避雨棚

每穗约40～50粒，果粒长椭圆形，100%无核，平均粒重18克（小的16克，大的23克）；果肉硬脆、香甜、可溶性固形物含量18%～23%，饱满多汁，基本无空心；果皮淡绿色至黄绿色，表面光洁有光泽，无涩味，且口感脆，可带皮鲜食。

图1-18　阳光玫瑰第一年结果

典型的力量是无穷的，四川果怡农业科技有限公司能够在不太适合栽培葡萄的四川平原种出精品果率达90%的阳光玫瑰葡萄，那么生态条件比它更适宜的种植区种植，岂不是能种得更好吗？

今后，我国阳光玫瑰葡萄前景如何？一看种植者能否真正掌握栽培技术：要求园区清洁通风透光，架上枝蔓分布合理，树体长势健壮，花果密度适中，亩产适宜；果实穗大、粒大，果皮绿色光亮，外观漂亮；果肉硬脆、多糖、香甜、多汁、无籽、爽口，内在质优。总之，市场收购价格是以一等果为标准的，2023年辽宁阳光玫瑰葡萄一等果收购价为36元/千克，亩产值7万多元。二看栽培者的经营能力：集中到一点就是葡萄浆果何时能上市。原则上尽量避开上市集中高峰期，将葡萄成熟期提前或延后。能早则早，抓住"物以稀为贵"能卖上好价；能迟则迟，如国庆、元旦、春节期间全国人民隆重庆祝的三大节日，需求量大，价高好卖。分散均衡上市，既能满足人民消费需求，又能避免葡萄过分集中造成"乱市"。三看国民消费水平：全国GDP逐年提高，并倡导共同富裕。国民收入多了，生活富裕了，消费能力强了，像阳光玫瑰葡萄这样好吃又有营养的水果，需求量就能大增！

我国今天的农业，上有政府掌舵引领，下有村民互学互助。果农只要走"优质口感"的生产路线，科学实干，按章管理，就有稳定的市场和收入。其实，阳光玫瑰葡萄栽培技术并不难，只要端正态度，虚心学习，辛勤操作，就能使树体按需生长，葡萄如意结果。希望不久的将来，我国各地的阳光玫瑰葡萄精品果的数量比例能够稳定在60%以上，并出现几个世界级的著名国家商标。我们坚信，中国阳光玫瑰葡萄产业一定会兴旺发达，明天会更好！

三、阳光玫瑰葡萄的特性和优缺点

（一）阳光玫瑰葡萄的遗传学特性

1.植物学性状　嫩梢黄绿色，密生白色茸毛，梢尖、茎干和幼叶带有浅红色；幼叶上表面有光泽，下表面有匍匐丝毛，而成龄叶深绿色，心脏形，大而厚，裂刻浅，叶背有稀疏茸毛，叶片不平展，叶柄长、浅红色，叶柄洼基部U形、半开张。新梢生长势旺，节间较长，每个结果枝大多着生1个花序，而且大多着生在第4节位；一年生枝黄褐色，冬芽饱满。

2.果实经济性状　果穗圆锥形，穗重600克左右，大的可达1 800克；果粒椭圆形，着生紧密，平均粒重8～12克，经无核和膨大处理的可达15克左右，大的可达20克以上（但果粒内部已出现不同程度的空心）；果顶平，果脐微凹陷，侧面有棱；果皮绿色至黄绿色，临近成熟时易产生黄褐色斑纹（果锈），充分成熟后呈黄色；通常果皮表面光洁且有光泽，少有果粉（无核处理后不产生果粉），果皮中厚，不易剥离，无涩味，可带皮食用；果肉鲜脆多汁，可溶性固形物含量20%左右，含量高的可达28%或以上，有和谐的玫瑰香味，肉质致密、细腻，品质极上。果实成熟后，在树上挂果时间长达2～3个月，可保持不落粒、不变味，采后在常温（20℃左右）和阴凉通风处可暂时贮藏半个月左右，而在冷库和冷链车内能长时间保鲜贮运。

3.生长结果习性 植株长势旺，芽眼萌发力在南方地区约85%、北方地区约75%，隐芽萌发力中等；花芽分化好且稳定，通常结果枝率85%，结果系数1.2左右，坐果率高，早果性好，丰产。管理到位的果园，第一年栽苗建园，第二年开始结果，折合产量750～1 000千克/亩，第三年1 500千克/亩，第四年进入盛果期2 000千克/亩或更多。

（二）阳光玫瑰葡萄的栽培学特性

1.对土壤的要求 土壤是葡萄赖以生存的基础，良好的土壤是种植阳光玫瑰葡萄的前提，要想获得品质好、产量高的葡萄，就一定要有优质的土壤环境。高肥力土壤具体要求是：土地平整，排水良好；土质疏松，通透性好，矿物元素多而全，含量丰富，无重金属和有毒物质；土壤有机质含量高于5%，土壤呈团粒结构，pH为微酸至中性（pH 4～7）；有益微生物种类全、数量多，能迅速分解有机质等。凡此种种，葡萄栽培管理全过程生长发育所需水分、养分和微生物，大都需从土壤中取得，直接关系到葡萄产量和品质，所以土壤是葡萄栽培的"根基"。

2.对气候的要求 一是光照充足，二是温度适宜。

光照是葡萄光合作用的源泉，葡萄在太阳光下利用二氧化碳和水合成碳水化合物并放出氧气。世上生物千千万万，为了维持自己的生命并进行生长，都不断地需要能量，但只有绿色植物才能够直接由太阳光截获能量，并利用它合成有机物质。光照时间越长截获的能量越多，光合作用产生的有机物则越多，其栽培特性发挥得越充分，越能使葡萄优质高产。

温度是葡萄对外界生存环境的第一需求，通常葡萄根系在土壤温度12℃以上时开始生长；在20～30℃进入活跃期（也叫最适生长温度），在此温度下果树生长发育良好；外界温度继续升高达到35℃以上时，叶片气孔关闭，光合作用停止。以上就是果树生育进程"三基点"温度指标。

3.对激素物质具有特异性　阳光玫瑰葡萄自诞生以来，在对激素物质的应用过程中，有一种特异性——易于无核化和膨果处理，只要选定最适宜的药剂和正确的处理时间及浓度，通常都能达到100%无核率并获得12克以上的大粒果，且风味不变，甚至吃食更方便，连果皮果肉整粒咀嚼，营养更丰富。

（三）阳光玫瑰葡萄的优缺点

只有在充分了解阳光玫瑰葡萄优点和缺点的基础上，才能制定出扬长避短的栽培技术方案，克服生产障碍，发挥其优良性状，争取阳光玫瑰葡萄果品优质、高产、高效。

1.阳光玫瑰葡萄的优点

（1）外观美　阳光玫瑰是非常适合无核和膨果处理的品种，极易产生穗大（>800克）、粒大（>13克）的无核葡萄产品。

（2）品质优　具有浓郁的玫瑰香味，果肉鲜脆多汁，肉质致密、细腻，含糖量高，皮薄而不涩，可连皮食用。

（3）花芽分化好　通常结果枝率达85%左右，树体负载力强，丰产性好，亩产2 000千克很容易做到，而且连续结果能力强，正常管理下只要常规技术到位，盛果期时年年丰产，树势依然保持良好。

（4）长势旺盛　新植建园可快速成形结果，三年生即可进入盛果期，亩产2 000千克浆果糖度依然可以达到20度左右。

（5）抗逆性强　具有像巨峰系品种一样强的抗病能力，果实耐热性强，成熟期连续高温不变软，挂树1个月以上也不落粒、不裂果，不降质。

（6）耐贮运　采收后在冷库可鲜贮4个月不变质；在冷链长途运输不变样；在市场销售货架期为欧美种葡萄最长品种之一。

2.阳光玫瑰葡萄的缺点

（1）大小粒现象较重　没有疏果或疏果技术没有到位的情况下，果穗和果粒大小粒现象严重，尤其激素使用不当时更为严重。

（2）病毒病症状较为普遍　一方面是选用的嫁接苗带有病毒，另一方面由于育种过程带入病毒，虽经3年脱毒工作但未彻底铲除留下的隐患。

（3）易产生果锈　成熟后期果粒达到金黄色时，几乎都有果锈，影响果品色泽外观，但不影其他品质指标。

（4）易发生气灼　气灼为水分生理失调和高温环境共同作用下，引起的生理性水分失调症。通常在幼果期发生较为严重，经常导致整个果粒形成"伤残果"而减产。

（5）易产生僵果　保果期如遇连续阴雨或夜间低温，极易产生小僵果。

（6）树势不整齐　阳光玫瑰园的树势整齐度普遍较差，绝大多数果园都有部分弱树和不健康的树，影响整齐度。

第二章
阳光玫瑰葡萄的生物学周期

　　阳光玫瑰葡萄为多年生藤本果树，吸收利用太阳能和土壤及空气中的多种成分才得以生长和发育，从幼苗长成大树结果，继承了父母本品种特征，在自然条件下可以生长发育几十年甚至百年以上，在整个生命过程中进行着一系列形态和生理变化，发育进程包括从生到死的生命大循环（生命周期）和每年生长发育的小循环（年发育周期）。

一、阳光玫瑰葡萄的生命周期

　　阳光玫瑰葡萄"出生"至今虽然还不到20年，但它与葡萄属（*Vitis* L.）的其他葡萄一样都有其遗传基因，其生命周期从芽萌发开始，直至成年再到死亡，其一生可以分为4个时期。

　　1.胚胎期　　阳光玫瑰葡萄是采用安艺津21号为母本和白南为父本杂交所得，其实生苗的胚胎期是从种子形成开始的，包括精卵结合形成合子，胚的发育，最后形成种子。种子萌发出现2片子叶和1片真叶时，胚胎期终止。

　　2.童年期或幼年期　　从实生种子播种生长形成实生自根苗或从苗茎取芽嫁接无性繁殖生长成嫁接苗，一般只需1～3年。加强实生苗或嫁接苗管理，特别是创新利用童期枝芽加速繁殖，实生苗或绿枝嫁接苗第二年即可开花结果。

　　3.结实期或成年期　　从幼树开始结果，进入结果盛期，并尽量维护和延长盛果期，其结果期的长短取决于园地生态条件和管理水平，通常由10多年到50～60年或更长。进入成年期后，管理技术必须"量力而行",促使植株生长与结果量的动态平衡,不搞超产结果,要做到地下根系生长与地上枝蔓生长"收支平衡",才能使植株生命旺盛不衰,无显著大小年现象。

4.衰老死亡期 主要表现为葡萄植株已见生长明显减弱,植株地下部和地上部的状况明显恶化,结实力急剧下降。光合作用和呼吸作用均降低,代谢方向由合成转向水解。树体各部分导管出现堵塞,老蔓的木质部细胞开始不断坏死,整个植株从根系到枝蔓都明显衰老。

二、阳光玫瑰葡萄的年发育周期

阳光玫瑰葡萄与其他果树一样,每年随着气温的回升,有节奏地进行树液流动、萌芽、生长、开花、结果,最后进入休眠等一系列生命活动,形成一定的生长发育规律,周而复始。

(一)休眠期

葡萄根系是没有休眠特性的,只要在生态条件良好的情况下全年均可生长;只有地上部的冬芽和枝条的形成层才表现出有明显的休眠特性;其他地上部器官和组织,在秋季10℃以下开始停止生长,仅有微弱的代谢过程。

阳光玫瑰葡萄芽的休眠期,其实从夏末初秋开始到翌年春季结束,包括了以下3个休眠特征期:

(1)条件休眠(相关休眠)期 冬芽中的主芽和预备芽,处在静止状态而不萌发和生长,要等到翌年春季才萌发。但是,如果剪除正在生长的新梢,由于解除了相关内在激素物质的控制,上述所及的主芽和预备芽也会萌发和生长,这是条件休眠的表现。

(2)有机休眠(生理休眠)期 夏末秋初随着枝条的成熟,冬芽逐渐进入深休眠状态,即在生长条件适宜时也不萌发。此时,植株仍然进行着正常的生长和同化作用,以及养分的积累,为越冬做准备。这个时期的长短,不同葡萄品种之间差异较大,东方品种群（如牛奶、无核白等）的深休眠期最短，每年9月即可完成；西欧和黑海品种群深休眠期稍长，每年9—10月完成。

（3）强迫休眠期　已通过生理休眠的芽，在北半球的温带和亚热带地区正处于冬季，外界温度较低而强迫葡萄植株仍然处于休眠期，直至延续3～4个月或更长强迫其继续休眠，则为强迫休眠期。而此时若将已通过生理休眠的芽置于适宜的温度和水分条件下，芽即很快脱离休眠，开始萌发。

（二）生长发育期

从树液流动开始至落叶，可分为以下6个生长发育时期（又称物候期）：

（1）树液流动期（伤流期）　每年春季，葡萄在芽开始膨大要发芽之前，往往可以看到从剪口和伤口处往外流淌出无色透明的液体，被称为葡萄伤流。伤流期的到来与当地的土壤温度、湿度、葡萄品种和植株树势与健康状况密切相关。欧亚种葡萄可能在土温达7～9℃时开始伤流；欧美种葡萄稍前，土温6～8℃时出现伤流；美洲种葡萄和山葡萄更早，土温4.5～5.2℃时即能出现伤流。据研究：葡萄伤流从开始到结束，每个伤口可流淌出3升以上的树液，清晨流速每分钟2～3滴液，粗枝较细枝伤流重，夜间比白天伤流重。通常葡萄伤流只持续8～15天。伤流液中主要是无机成分水、氮（硝酸根离子和铵态氮），以及钾、磷、硫、钙、镁、锰、铁、硼等矿物元素，有机化合物极少。而且，每千克伤流中含1～2克干物质，对葡萄树体的营养损耗并不大，但也不能轻易忽视。毕竟伤流可能造成伤口芽的萌发率、萌芽整齐度和新梢生长变差，并且影响伤口旁花序的形成与发育。所以，栽培者应对已有伤口进行有效处置，伤流期各项管控技术要到位，尽可能避免伤流给葡萄正常生长发育造成损害。

（2）新梢和花序生长期（萌芽和新梢生长期）　此期从萌芽至开花始期一共35～55天。欧亚种葡萄大多数品种从园地气温稳定在12℃以上开始萌芽（美洲种和欧美种葡萄开始萌芽稍早），先是冬芽生长点细胞开始分裂，芽眼开始膨大露白，鳞片开裂露出茸毛，芽顶部呈现绿色。随着气温上升，芽体开始展叶抽梢，15℃以上时新梢生长加速，花序出现直至花蕾开始分离。影响萌芽的因素和生态环境因子很多，此时最重要的两件事，一是葡萄萌芽率要高而整齐；二是新梢生长量要适当，不要太弱或过于强旺，要适宜花芽分化。

阳光玫瑰葡萄由于长势健壮、芽眼饱满、花芽容易分化等优点，其萌芽率高达75%以上，且萌芽较整齐，萌发的新梢数量充足、枝体健壮，只要此期内枝蔓绑到位，新梢间距合适，光照和温湿度环境良好，就能顺利通过，进入葡萄开花坐果期。

（3）开花坐果期　从第1花朵开花开始至全园开花止，为开花坐果期。开花坐果期持续的时间受很多树体内外因素的影响，变得很难管控，单一品种和同一结果树龄，花期持续时间为5～7天，最慢的可达10～15天。

葡萄临近开花时，先是花冠基部形成离层，开花当日由于温度升高到15℃以上并且空气湿度下降，花冠基部开裂呈帽状脱落。花期要求室温必须在15℃以上，20～25℃适中，27～32℃花粉萌发率最高，坐果率也最好。自然坐果最适宜的温度环境也是无核化栽培最适宜的温度环境，二者统一。

葡萄花期若遇阴雨天，湿度大且温度低，不仅露地葡萄受雨水冲刷柱头上的花粉及花粉萌发所需的营养物质，设施葡萄保温不好也会对授粉受精产生影响。花期若过分干燥，也不利于花粉的萌发和受精作用，常导致大量落花落果。开花第14天左右生理落果开始，持续3～5天后开始坐果。此时若遇新梢生长减慢或生长过旺，常导致坐果不稳，以至落果，并影响到以后果实的生长。

（4）浆果生长期　开花结束即为浆果生长的开始，至浆果成熟为止。不同品种间浆果生长期相差甚远，少则几十天，多则几个月。葡萄受精后，初期子房壁迅速增大，尔后胚胎迅速发育。阳光玫瑰的浆果生长期分为3个阶段。

①幼果快速膨大期（从保果开始至硬核期前，30～35天）。此

阶段果实往往以肉眼可见的速度快速生长，果实外径生长量通常可达到成熟果的70%，因受保果时天气、树势和管理水平影响，有些果园的果实外径生长量仅能达到成熟果的30%～50%大小。

②硬核期（持续20～40天）。受植株长势、环剥等综合因素影响而不同，硬核期果实基本处于停滞生长的状态。

③浆果成熟期。此阶段为浆果第二次缓慢生长阶段，持续时间长，大约为60天，果实充分成熟时，果实外径和粒重达到最大。

阳光玫瑰通常都实施保果和无核化栽培，由于受赤霉素等植物生长调节剂的影响，胚胎发育受阻碍，形成无核发育膨大果粒。

此时的阳光玫瑰葡萄精品果，应该是穗大（60粒、900克左右）、粒大（12～15克）、高糖（含糖量20%左右）、浓香、无核、肉脆、皮薄连皮可食的外观美、品质优的鲜食葡萄。

（5）新梢成熟和落叶期　阳光玫瑰葡萄从浆果成熟到完全落叶，持续30多天。而在南方往往超过30天并不落叶，为了提前进入休眠状态并安排下茬生产，有人采用乙烯利或脱落酸喷叶，促进落叶和养分回流。

葡萄浆果采收后，仍然有很长一段生长期和树体养分调整、分配、贮藏的时间。此时，树体的同化养分集中用于枝条成熟，促进冬芽发育，多余的养分以多种方式积累贮藏于枝蔓和根系，用于翌年春季萌芽和新梢生长，以致用于花芽分化、开花、坐果。所以，此期的贮藏养分对翌年葡萄生长结果有重大意义，必须保护和管理好采后的叶片。

第三章
阳光玫瑰葡萄园的建立

一、园地的选择

（一）阳光玫瑰葡萄对园地的要求

①葡萄园应建在交通方便的地方，便于产品外运，并避免与排出有毒气体和污水的工矿区毗邻。

②地势应开阔，地下水位最好在1米以下，排水良好。而且要有良好的水源可利用灌溉。

③狭窄的山谷，因光照不足且易积聚冷空气，早春和晚秋易遭受冻害，不宜选作葡萄园。

④在风大的地方，最好选有天然防风屏障（如森林、建筑物、山丘）的地点建立葡萄园，不然建园后也必须营造防护林。

⑤要求土地平整，排水良好；土质疏松，通透性好；矿物元素多而全，无有毒物质；有机质含量高于5%，土壤呈团粒结构，pH 4～7（微酸至中性）；有益微生物种类全、数量多，能迅速分解土壤有机质等。葡萄每年全过程生长发育所需水分养分和微生物，都需从土壤中获取，直接关系到葡萄产量和品质。

⑥栽植沟土壤改良。我国大部分土壤有机质含量不足1%，而生产葡萄精品果则要求土壤有机质含量高于5%。因此，必须在葡萄定植前对栽植沟范围内的土壤充分改良，否则将错失良机。采用履带式深旋机，将有机物料平铺于栽植行（宽1～1.5米、厚20厘米）上，使物料与底土搅拌入沟，其深度可达原地面

以下40～50厘米，改土效果较好，不仅提高工效、降低成本，而且大大增加土壤有机质含量，基本满足葡萄根系需肥要求。

（二）建立葡萄园档案

阳光玫瑰葡萄建园前，必须对当地相关情况调查分析并进行葡萄园经营权的确认。

①调查收集当地气象、地质、土壤、水文及果树资源等相关情况，分析其对阳光玫瑰葡萄栽培的利与弊，为建园设计和园地经营管理提供依据。

②调查当地的市场、农业、肥源、劳力、农民收入等相关情况，为今后葡萄园制定年度计划和长远发展规划提供依据。

③当今世界发展生产，尤其需要市场作为生产的后盾。因此，新建大面积葡萄园之前，需要了解当地市场营销、贮藏保鲜、包装运输等相关情况，以利今后快速建立农、工、贸一条龙的经营体系，有目标、按计划建立高标准葡萄商品基地。

④葡萄园经营权的确认。首先要收集或测绘葡萄生产基地的地形图，以备园地规划使用等。其次与当地土地主管单位签订具有30年以上连续使用权的法律文书，并通过政府审批程序，取得合法使用园地和生产经营自主权。

二、现代化葡萄园规划设计

（一）园地规划设计

建设现代化葡萄园必须要有符合当地实情的园地科学规划与设计，其内容包括：作业区划分、道路系统、防护系统、分级包装线、库贮系统（包括机库、材料库、果品保鲜贮藏库）、办公系统、试验研究系统、生活系统等。

（二）肥水供应规划设计

①水源。最好就地利用河、湖、塘作水源，或选高处截水建池，最后才选择井水或自来水。

②有机肥。每年都要施用大量有机肥，使土壤有机质含量达到5%以上。

③肥水一体化系统。首先要有肥料罐，然后矿物肥料通过称重、混合、溶解，成为一定浓度的母液，然后按需从肥料罐输入肥水管道网入园。

三、葡萄园设施工厂化建设

葡萄园设施工厂化建设都只为一个目标服务，那就是栽植园地里的葡萄，使其每年按时萌芽、抽梢、生长、发育，准时形成花芽、开花坐果、膨大果粒、增糖增色，果肉细腻、细皮脆口，最后成为精品果，有形象、有名望，被广大消费者所喜爱。

所以，无论是葡萄避雨棚（图3-1）、塑料大棚（图3-2）、日光温室（图3-3）还是园艺生产工厂，每种设施都可以有不同结构、

图3-1　葡萄避雨棚

图3-2　葡萄塑料大棚

图3-3　葡萄日光温室

多种规格，需预先设计，按图生产，一片一片相互拼接，高矮有序投入生产。建造一栋阳光玫瑰葡萄大棚设施，如同建造一座房屋一样简单易行。

四、葡萄园苗木栽植

（一）苗木选择

1.品种选择 阳光玫瑰品种苗木有很多要求：一是最好采用的接穗、砧木都是没有病毒感染过的无毒嫁接苗，这方面中国农业科学院果树研究所21世纪初已研究成功，获得贝达砧木和阳光玫瑰品种接穗脱毒苗。而且从2018年开始沈阳市长青葡萄苗木有限公司已连续5年，每年生产阳光玫瑰/贝达砧绿枝嫁接无毒苗（图3-4）十多万株供应全国各地建园生产。二是各地在培育阳光玫瑰葡萄嫁接苗之前，首先要清园，选取2007年以后从日本引进的阳光玫瑰脱毒的苗源（枝芽和成苗）。其次，采用脱毒苗建园并不能保证就永远没有病毒，由于受环境的影响（昆虫、修剪等）病毒还会发生。所以，必须切断所有的可能传染病毒的途径。

图3-4 葡萄无病毒苗木
左：露地绿枝嫁接苗   右：棚内绿枝嫁接苗

2.砧木选择 砧木对接穗的影响是很大的，首先是要选择无病毒砧木；其次选择生长势旺盛的砧木；最后选择抗逆性强的砧木。

（二）栽植密度

通常行距2.5米，株距1～2米，每亩栽267～135株。也可根据园地的立地条件，选择先密后稀的栽植密度，经连续几年的结果后，采取隔行去行和留行去株，逐渐增大行距和株距，像安徽鲜来鲜得生态农业有限公司一样，最后每亩保持6株稀植高产大葡萄树，每年亩产仍然能够达到2 000千克左右。

五、栽植苗木当年管理

（一）促发新根

促使新栽苗木提早萌发新根，恢复根系正常生长吸收功能，提高根系活力，是新建葡萄园早春管理的重点之一。具体措施：一是要在根系周围锄地松土，让覆盖根系的土层变薄，利于地温快速回升，增强土壤与空气的热交换，促进根系提前复苏，提高根系吸收效率；二是随着第一次浇萌芽水时冲施海藻肥或矿源黄腐酸钾1 000克/亩，保证葡萄提前萌芽，增强新梢生长势，同时为萌发新根提供树体营养。

（二）幼树培养

南北方葡萄树体的整形方式各有不同，南方多采用T形的飞鸟架，北方多采用"厂"字形的飞鸟架、水平棚架或传统棚架。根据不同的整形确定幼树培养目标。

以"厂"字形水平架为例，采用单株单蔓的独龙干整形，小苗定植后每株只选留1个健壮新梢延长生长，采用吊绳或竹木竿引导，使主蔓与地面呈45°～60°斜向上生长（便于冬季下架防寒）；当新植株长至1.6米左右时，统一顺栽植行方向弯曲，并水平引绑，待新梢继续生长至2米时摘心，此时水平新梢与倾斜新梢形成"厂"字形主蔓。

在水平主蔓上抽生的结果枝和营养枝，分别向行间两侧引绑，使结果枝和营养枝与水平主蔓垂直分布，形成架面。水平主蔓的高度比架面要低20～40厘米，通常称飞鸟架；水平主蔓上斜向分生出结果枝和营养枝形成的架面，几乎都在同一平面上，所以又称平棚架。

采取单株单蔓独龙干整形，辽宁南部地区当年主蔓生长长度不低于4米，其中棚面主蔓长度不低于2米，篱面长度1.6～2米。结果部位直接控制在棚面上，篱面不留新梢。第二年结果的同时在主蔓顶端选留1个延长头，继续培养2米长。辽宁北部地区当年主蔓生长长度不高于2米，第二年篱面结果，同时主蔓顶端选留1个延长头，继续培养4米长，第三年再作为棚面的结果母枝，第三年篱面不留新梢。辽宁北部地区葡萄设施保温性能好或小气候好的园地，也可参照辽宁南部地区留蔓方法，早日在棚面结果。

南方地区采用T形整形，当苗木新梢长至20厘米左右长度时，选留其中1条健壮新梢培养成主干，当主干长至架下10厘米左右时，在距离架下20厘米处摘心，摘心口下发出的副梢，选留顶部2条向相反方向引绑，分别培养为T形整形的2个主蔓。南方地区当年选留主蔓长度依据当地无霜期和生长量而定，生长时间长、枝条成熟度好的园区适当长留，但原则上长留也不应超过3米；生长时间短的园区，则应短留，原则上枝条成熟到哪里就剪留到哪里。

（三）安全越冬休眠

当气温下降到10℃以下，葡萄园新梢已开始成熟，木质部已木质化，整个植株快速进入7.2℃以下需冷量的休眠期。这是葡萄植株对低温逆境一种生理适应的自我保护，唯有人为辅助其科学度过休眠期，葡萄才有翌年优质、丰产、高效的收获。

休眠期间葡萄植株细胞中的淀粉转化为酯类物质，细胞原生质由亲水状态转为疏水状态，从而增强了抗寒能力，休眠越深，植株忍耐低温的能力越强。为此，栽培者要充分利用自然界这种自我抗寒锻炼的机会，来提高植株抗低温能力。一是要尽量快速捕捉低温需冷量以满足本品种的需求，尽早解除其休眠；二是最大可能保护葡萄幼树整体（包括根系和地上部的花芽）不受冻害，使其安全越冬，尤其要保护根系（贝达砧能抗−12.5℃不受冻害）。

六、初结果树管理

（一）促早栽培

①提前在设施覆膜，以提高气温和地温，促进根系提早恢复正常生长和吸收活力。

②涂抹或喷雾50%单氰胺20 ～ 25倍液，促早萌芽，促进花芽分化。

③在整个增温期间应调控在26 ～ 30℃之间，短时间也不得超过35℃，防止花芽退化。

④全年每亩施氮40千克左右，磷35千克左右，钾45千克左右，钙50千克左右。促使摘心下的叶片横径达27厘米以上，以增强光合作用功能。

（二）控产栽培

阳光玫瑰葡萄精品果每亩产果量不得超过2 000千克。因为产果过多，对糖度、香味、硬度等品质指标都会造成较大影响。同一地区单位面积上的光能是固定的，过度追求产量势必会牺牲品质，严重影响下一年的树体生长发育，严重时甚至树体衰弱或死亡。因此，阳光玫瑰精品果穗重应限制在750 ～ 1 000克。具体管理内容：

①修整花序。开花前3天至落花后3天修整花序，要求精品果剪留花序尖长度4 ～ 5厘米，最长不得超过7厘米。具体来说，初花期结果枝长度100厘米以上留2个花穗，50 ～ 100厘米留1个花

穗，50厘米以下不留花穗。花前一周至初花，去除副穗及以下小穗，留穗尖4～6厘米（15～20个分枝，70～80个花蕾）。花序尖端有分叉的情况时，需要剪掉一个分叉。

②无核化处理。单穗花满开日至满开后3天内进行无核化（保果）处理，采用12.5～25毫克/升赤霉酸+2～5毫克/升氯吡脲+200毫克/升医用链霉素，并做好标记，以免重复或遗漏。隔1天再处理第2批开完花的花穗，再隔1天处理第3批开完的花穗，以此类推，直至全园开花后的花穗全部处理完。

③整理果穗。无核化处理后7天，此时果粒黄豆粒至蚕豆粒大小，对果穗大小进行调整，将果穗统一调整为14～18厘米（13～18个分枝）。按生产计划制定的果穗长度，每人手持一个标准长度小尺，将全园果穗长度基本调整一致，提高精品果比率。

④膨果处理。阳光玫瑰葡萄精品果，不仅极易无核化，而且无核化处理后第10～15天（或全园开始开花的第27天左右）进行一次性膨果处理，使用与无核化处理的同样药剂就可取得13～16克或更大粒形果穗，这才符合穗大、粒大、高糖、浓香、无核、优质、美观的精品果要求。

⑤果穗疏粒。无核化处理后7天，此时果粒已长到黄豆粒至蚕豆粒大小，疏去小粒、僵果和个别突出的大果粒，每穗留果60～70粒。套袋前进行最后疏粒调整，将果穗中部分生长落后的小果、僵果、病粒果，特别突出的大粒果和局部拥挤处等进行多次疏果，直至将穗型调整接近标准状。

七、大树高接换种

2010年前后若干年内，我国到处都兴起利用原有的老品种葡萄树进行高接阳光玫瑰新品种，一时间很快就在全国建起了很多当年高接换种第二年就丰产，且果品优质、收获高效的葡萄园。具体工作如下：

①做好阳光玫瑰葡萄无病毒接穗芽的准备。

②对老品种树体进行分类评估，提出不同类别树体高接换种的科学设计方案。

③全园高接换种工程开工以前，每一方案在老园地段选出标准工程树，进行现场树体整形和高接换种工程示范。

高接换种树体通常采取一年生枝剪短2～3芽位处作砧木，阳光玫瑰无毒芽段作接穗，两侧斜削成马耳形削面，以劈接方式插入砧木中央，然后用塑料薄膜条将嫁接口绑紧，促进砧穗间产生愈合组织（图3-5）。

图3-5　大树高接阳光玫瑰
左：高接"一个芽"　右：高接"一个枝"

④经过现场培训的高接嫁接人员，2人一组，按葡萄行向一株一株顺序嫁接推进。

⑤高接后，嫁接植株当天就应适量浇水，并尽可能维持温度15～25℃和空气湿度60%～80%的条件，以利于伤口细胞加速愈合。

⑥阳光玫瑰接芽萌发抽梢后，要立即追施比例适宜的氮、磷、钾肥，促进接穗加速生长。

⑦后续的整形修剪和花果管理，可参照阳光玫瑰葡萄成年结果树管理方法执行。

第四章

葡萄树体生长与整形修剪

葡萄树的生长可定义为量的增大，即树体细胞分裂与增殖的综合表现，从萌芽、抽梢、分枝至长成大树以及今后每年重复，称为生长。葡萄栽培园里树体是不能任其自由生长的，对每年春季萌芽抽生出来不同部位的新梢，都要按照人为规划生长或通过整形修剪引导其生长。

一、葡萄根系的作用与生长

（一）葡萄根系的作用

栽培园里的葡萄根系大多没有主根（只有种子播种长成的植株才有主根），而有发达侧根和须根组成的须根系（图4-1）。它的重要作用：

①根系固定和支撑树体，并且起到运输、分配、储存水肥和营养物质的作用。

②根系能吸收土壤中的水分和养分，供应根系自身和树冠生长。根尖还是细胞分裂素等成花激素的生成部位。

③根系周围伴生有大量的根际微生物，由这些微生物去分解土壤有机质才能使土壤中养分得到释放。

④某些具有活力的生长根，每年都能合成一些内源激素供应树体所需。

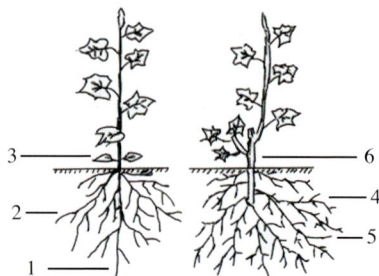

图4-1　葡萄根系

左：实生苗　1.主根　2.侧根　3.子叶　右：扦插苗　4.表层根　5.基层根　6.插条

（二）葡萄根系的生长

①葡萄根系在土壤温度合适（12～30℃）的情况下，可以不停地生长，无休眠期。

②一般葡萄根系在适宜的土壤环境下，地温达11℃根系恢复吸收功能，13℃开始延伸生长并发出新根，20～25天后新根长出根毛，高于35℃停止生长。

③葡萄根系一年有3次生长高峰：

第一次（萌芽前后）：此时土温较低，根系生长缓慢，只有展叶后，根系得到新叶光合产物的供给才能加速生长，达到第一次生长高峰。

第二次（葡萄坐果后）：随着果粒膨大，新梢生长加速，叶片增多，光合产物分配给根系的供应量也大大增多，从而促进根系的吸收功能进一步加强，出现根系第二次生长高峰。

第三次（葡萄采收后）：由于树体营养压缩到树干和根上，促使新梢、副梢旺长的同时，根系也相应地达到了第三次生长高峰，直至地温降低至10℃以下暂停吸收功能并停止生长。

（三）养根护根技术

1.改良土壤　养根的关键在于改土，土壤中的水分、养分、空气、温度、酸碱度等都影响葡萄根系生长和吸收、输送、储存及制造功能，必须通过深翻、大量施入有机肥、补充有益微生物等方式使之逐步形成团粒结构土壤，为根系生长、吸收、输送创造良好通透和缓冲能力强的土壤条件。

2. 调控土壤酸碱度　尽管这项工作难度大、进度慢、投资大，为了强化根系的生长和吸收功能必须坚持施用调控土壤pH的土壤改良剂，致使pH为中性或弱酸性，以适应葡萄生长。

3. 科学施肥　提倡测土配方施肥，本着前期以氮肥为主、中期氮、磷、钾平衡，后期钾肥为主的原则，选用不同氮、磷、钾比例的肥料。在需要诱发新根的关键节点，如春秋两个根系生长高峰，重视海藻酸和黄腐酸等功能性肥料的施用；生长季出现树势严重衰弱的情况应重视氨基酸类肥料的施用，以快速恢复树势。如果出现缺素症的情况，应立即取土样分析，找出原因，通过改良土壤pH和补施中微量元素（花前应重视硼、锌元素的补充）以促进花器官的发育；花芽分化不好的园区或设施促早栽培应在花前期叶面喷施磷酸二氢钾，以促进来年花芽质量。此外，各园区全年都要重视菌肥的施用，以便通过微生物的作用全面改良土壤。

在挖施肥沟时必须细心保护葡萄粗根系，避免粗根伤残断损；但火柴棍粗细的根系在秋施基肥时适当断损还是非常必要的，以利发出大量新根。

4. 管控地下病虫害　当土壤中出现有害线虫时，应及时采取甲烷和1，3-D熏蒸剂进行土壤熏蒸，杀灭有害线虫；当土壤中出现葡萄根腐病时，应尽快采取70%甲基硫菌灵800倍液灌根灭菌，然后冲施有益生物菌强化养根，以利重建良好土壤生态。

二、葡萄新梢生长

（一）葡萄枝蔓组成

葡萄整个树体的地上部分由枝蔓组成（图4-2），包含主干、主蔓、侧蔓、结果母枝、新梢（结果枝和营养枝）、副梢（夏芽副梢和冬芽副梢）、萌蘖等部分。

不同枝蔓类型、数量、长度组成的树形，必须与相互适应的架式配合，才能尽快布满架面，充分接受光照科学分布结果枝和营养枝，能够实现通透性好，光合效率高，葡萄优质、高产。

图4-2　葡萄枝蔓组成
左：冬态枝蔓　1.主干　2.支干　3.主蔓　4.主蔓枝头　5.结果枝组　6.结果母枝
右：春态枝蔓　6.结果母枝　7.带花序的新梢　8.无花序的新梢

（二）葡萄芽的萌发

葡萄休眠的芽满足了对一定低温（7.2℃以下）需求量之后，在水分条件与树体营养都能充分满足时，芽生长点分生组织开始分裂增殖，芽体逐渐膨大充实起来，芽体各器官渐进出现，最后芽外部鳞片绽放暴露出绿色枝叶，葡萄的芽开始萌发抽生新梢。

（三）葡萄新梢生长

葡萄新梢由节和节间组成，在膨大节部的一侧着生叶，另一侧光秃或者着生卷须或花序。叶腋中有夏芽，当年萌发成副梢，还有一个冬芽，越冬后长成春梢。

葡萄新梢在整个生长季始终不停地向前生长，其年生长曲线呈单S形。自春开始生长由快速至秋逐渐减缓，至秋末随气温下降至10℃左右时，新梢顶端形成顶芽才停止生长。但有叶的绿枝仍然接受光合作用还不停地加粗生长，并使组织木质化成熟，进入越冬准备。

三、葡萄的架式与整形

（一）葡萄架式的作用

葡萄的枝蔓必须依附于架面，通过庞大根系吸收水、肥、气和微生物制造的有机物、无机物，通过枝、叶、花、果中的叶绿体合成光合产物，有了上述两大项营养来源，才会有新梢和整个树体的生长与结果。而且，架式直接关系到栽植密度、管理方法、浆果产量和质量及经济效益。

（二）葡萄架式的类型

葡萄架式类型很多，可分为篱架和棚架两大类。篱架的特点是架面与地面垂直，如单壁篱架（图4-3）、双壁篱架（图4-4）、Y形架（图4-5）、飞鸟形架等；棚架的特点是架面水平，通常距地面1人多高（以管理人员伸手架面能正常作业为准），葡萄枝、叶、花、果呈水平状有序分布于架面上下空间，便于管理，如"一"字形架（图4-6）、H形架（图4-7）等。飞鸟形架则属于篱架和棚架的综合改良型，既具备棚架通风透光的优点，又具备篱架的花果部位适中，管理方便的优点。

图4-3　葡萄单壁篱架

图4-4　葡萄双壁篱架

图4-5　Y形架（春态、夏态、冬态）

图4-6　"一"字形架（冬态、夏态）

图4-7　H形架

（三）阳光玫瑰葡萄的整形

　　阳光玫瑰葡萄生长势旺，易于整形，既适用于"一"字形架、"厂"字形架、T形架、V形架（图4-8）、平棚架和飞鸟架等，又适用于H形、大树形的整形。我国北方地区考虑到冬季葡萄枝蔓下架防寒问题，多以"厂"字形独龙干整形为主（见第三章幼树培养）；而南方地区高温多湿，葡萄适宜树形多样，整形繁杂。

图4-8　V形架

整形时，V形水平架上的结果母枝弯缚部位在距地面1.5米左右，叶幕1.7米；不适宜较低的架式，操作太吃力，工效低，用工成本高。H形整形是当主干生长即将达到架面高度时，在主干顶端摘心，促使长出副梢，从中选出2个健壮副梢作支干，各自向相反方向生长延伸，尔后每个支干在水平架面上各培养2条主蔓向前延伸，构成H形（图4-7）。而H形树体整形具有明显的缺点：树冠大，成型慢，养分输送路径远，容易出现生理性问题。

四、葡萄修剪

（一）修剪的作用

①修剪能有效延长有关部位器官的生长年限，扩大空间，让枝条更新、延长衰老。

②修剪促使新梢更加有效分布，调节树体养分均衡供给，减少因徒长而无谓消耗营养。

③科学的修剪可以改善果园通风透光条件，增加树体光合产物，为浆果增糖增色，提高品质。

④合理的修剪可以保持每年发出良好新生枝数量，防止出现大小年结果的现象，确保年年丰产。

⑤合理的修剪可以减少病虫的侵害，提高植株适应环境的能力，增强树体抗逆性能。

⑥合理修剪还可以减少葡萄园多项作业量，操作省工，降低葡萄生产成本。

（二）修剪的时期

葡萄树体在整个生长季，从春萌芽抽梢开始不停向前生长，直到秋末新梢顶端形成顶芽才停止向前延伸。必须通过"春抹芽、夏打顶、秋护叶、冬大剪"的四季修剪技术人为加以调控，有规范地约束其生长，才能布置好枝蔓、改善光照、制造养分、增糖着色，最终收获理想的葡萄精品果实。

葡萄生长必须要有支架的支持，要规范枝蔓科学分布，在合适的温湿条件下修剪越早越有利于枝蔓上芽的萌动。其次，第一次抹芽，抹去的全都是"废芽"，与正常芽抢夺养分，因此抹去越早越好，这些都是葡萄树体"早春"必要的工作。而占据树体全年生长发育、营养贮备和果实收获的核心，恰恰又在秋季，是葡萄园护叶工作的顶峰时期，必须通过去老叶减少无谓的养分消耗，采取添新叶增加光合产物积累，这一减一加，促使树体有充足营养供给果实生长，增大、增糖、增色，又有多余养分贮备越冬，为翌年葡萄生长发育、开花结果、优质丰产奠定基础。因此，本书将葡萄修剪的内容按春、夏、秋、冬四个季节来阐述。

（三）春季修剪

从葡萄绑蔓开始、芽眼萌动到展叶前，这段时间园区树体作业归属为春季修剪，实际上只有绑蔓和抹芽两项作业。

1.葡萄绑蔓 每年春天，当地山桃开花时葡萄即可开始绑蔓。按架式和整枝方式的要求，用绑蔓机卡扣塑料带或人工用绳子打结把枝蔓固定在架面上，由于葡萄极性较强，在棚架栽培中除主干、支干与地面垂直生长外，其主蔓、侧蔓、枝组、结果母枝均可按整形需求的位置呈水平状或斜向上绑缚。

篱架栽培总的来说除了离地面80厘米以下部位可设置主干垂直生长外（南方高温多雨地区），其他枝蔓大都斜向上生长，也有主蔓在第一道横线上顺行向"一"字形水平绑缚。

2.**葡萄抹芽**　可分次抹去主干和主蔓基部蘖生的芽眼、细弱枝上萌动最早的弱芽、其他枝上发育不良和双芽中的瘦弱芽等。

（四）夏季修剪

当新梢出现7片叶以上、能明显看出花序时进行葡萄疏枝定梢，以及摘心、副梢处理等，这些都归属于夏季修剪范畴。

1.疏枝定梢

（1）**定梢的目的**　首要目的就是为葡萄植株选留足够数量的优良新梢；其次要使架面新梢分布均衡合理，使得树体营养集中供给留下的新梢，从而促进枝条和花序的生长发育。

（2）**定梢的原则**　应尽可能选留早萌发、中庸健壮、有花果、枝果稀疏的结果枝，去上留下、使之位置顺畅。

（3）**定梢的方法**　通常都采取2次疏枝的方法来落实架面新梢密度。第一次在新梢展叶后20天左右，当新梢长到10厘米上下时进行，疏去弱梢、多年生蔓上萌发的无生长空间的新梢，保留有生长空间的壮梢。第二次在新梢已长到15～20厘米时已能辨认有无花序时进行，对双枝更新的结果枝组，疏去上位枝上的无花序新梢，保留2～3个有花序的强壮新梢，再选1～2个靠近基部的带花序的壮枝；对单枝更新的结果枝组，首先选留1～2个带花壮枝，然后在结果母枝基部选出1个强壮枝（带不带花序的均可）作为下一年的更新枝。

2.摘心与副梢处理

（1）**摘心目的**　不同类型新梢摘心后产生的效果差异很大，其目的显然不同。结果枝摘心的目的是暂时抑制新梢顶端延伸生长，促使树体养分进入花序，促进花序发育，提高开花坐果率。而营养枝摘心，一是需要发展副梢时摘心；二是已满足延伸生长长度时摘心；三是对各级延长枝头已达目的时摘心等。

（2）**摘心时期**　首先应充分考虑我国南北纬度差异所造成的温度不同；其次因摘心目的不同在摘心时期上有差异；最后，由于葡萄品种、新梢类型的不同等，其摘心时期不同，必须根据实际情况确定摘心时间。

辽宁大连地区阳光玫瑰葡萄新梢摘心，有花序的旺枝在开花前保留2～3片叶摘心，中庸枝在花序前保留3～4片叶摘心，弱枝不摘心。营养枝保留12片叶后摘心，各级延长枝根据其功能需要来断定，如主干枝头生长到距离水平架面只有15厘米处摘心。

（3）副梢处理　新梢摘心后，剪口下叶腋间的夏芽受到刺激，生长迅速并很快萌发抽生夏芽副梢。营养枝副梢通常只有最顶端一个留4～6片叶摘心，其余贴根抹除。

结果枝生长至9片叶时，留7片叶摘心，即花序前2～3片叶摘心，摘心后顶端留一延长副梢，继续3～4片叶摘心，反复2次。

花序对面副梢留1片叶摘心，反复3次，最终形成3个不同叶龄的叶片（也有一次留3片叶的做法，此副梢叶一来为果实遮光，防止形成日灼以及减少果粉的形成，二来防止高温造成的基部叶老化，为果实生长后期提供更多的营养）。

花序以下副梢从基部抹除，其他副梢（花序以上，顶端延长副梢除外）留1片叶后摘心或不留叶从基部抹掉（依叶片大小而定）。

（五）秋季修剪

秋天是葡萄生长的后期，是浆果和树体枝蔓成熟收获的季节，要想得到优质高产的精品果，必须在春季奠定生长健壮的枝蔓并在夏季按计划做好开花坐果工作的基础上，开展秋季护叶工作。

1.改变以往一到秋天就不留副梢的恶习　受副梢嫩叶容易发生霜霉病、炭疽病、灰霉病等威胁，一到秋天葡萄浆果逐渐膨大起来，为了保护好这胜利果实能够颗粒归仓，以往多数人养成了见副梢就抹的习惯。实际上此时葡萄浆果正处于第二次膨大高峰，又是增糖增色的关键时期，整个树体需要大量营养供给，尤其是结果枝需多留几片副梢叶片，以增加光合产物供果实所需。

2.采取综合防治措施保持叶片功能　一是通过追肥灌水、松土除草等提高叶片光合效率；二是采取理化诱控、生物防治、绿色防控等措施，保护叶片健康生长，安全发挥光合功能。

3.摘除残叶减少树体营养消耗　通常葡萄老叶、病叶和虫叶等残叶每天光合作用产生的碳水化合物总量已经不够呼吸消耗，成为入不敷出的"寄生叶"了。但是阳光玫瑰葡萄叶片很不容易老化，老叶光合效能仍然很好，如果生长期后期也采取去老叶措施，则容易造成"软果"。

（六）冬季修剪

1.修剪目的　对幼龄葡萄树需通过修剪培养主干、支干、主蔓、侧蔓和结果枝组，使其早日成形投产；对成年树需通过冬季修剪维持良好树形并使各级枝蔓分布均匀，以利充分获取更多光合产物，为葡萄高产、稳产、优质创造条件，奠定基础。

2.修剪时期　葡萄自落叶后20天至翌年春季产生伤流前1个月左右为冬剪合适的时间。冬剪过早，养分还没有完全转移到枝蔓和根系冬贮；修剪过晚，葡萄消耗大量营养而产生的萌芽又要剪去，不仅浪费，而且早春时还容易发生伤流，更不利于当年新梢生长和花芽分化。

3.修剪方法

（1）短截　剪去一年生枝条的一段，根据剪留的长度可分为极短梢（仅留1个芽）、短梢（留2或3个芽）、中梢（留4～6个芽）、长梢（留7～11个芽）和极长梢（留12个芽或以上）等修剪。采取哪种修剪方法主要依据修剪要达到的目标和枝条基芽成花能力而定。

（2）缩剪　剪去二年生以上枝蔓的一段，主要用于枝蔓更新。

（3）疏剪　从枝蔓基部贴根剪除，主要用于疏除过密枝蔓以改善光照；疏除病虫枝以防蔓延；疏除老弱枝、过强枝以均衡生长势等。

（4）更新剪　对结果母枝结果部位逐年外移，已造成后部光秃的可采取单枝或双枝更新修剪；对多年生枝蔓上的结果枝组由于树势逐年生长衰弱已形成多级"鸡爪枝"，要提前从下部选留1个新梢培养成新蔓，待新蔓足以能代替老蔓时剪除老蔓进行更新。

4.修剪内容

（1）幼树主蔓剪留长度　新建葡萄园定植后的幼树，在整形过程中应尽快使主蔓延伸占领架面空间，并使修剪后地上部枝梢生长量与地下根系生长平衡。因此，第一年剪留长度，首先要以枝蔓成熟度为依据，成熟到哪里就剪留到哪里。通常北方露地园应小于1.5米；设施保护地不大于3米；南方露地应在2～4米之间。以后每年延伸，至爬满架为止。

利用幼树副梢结果还是主蔓冬芽结果，是阳光玫瑰栽培的热议问题。副梢结果需要在上一年培养小树时将夏芽副梢至少留3片叶反复摘心，使副梢直径至少达到0.5厘米，且要通过矮壮素、缩节胺等控制副梢第一节的生长长度，防止结果部位外移；而准备主蔓冬芽结果的则在上一年培养结果母枝时，夏芽副梢仅保留1片叶绝后摘心或1片叶反复摘心。但是各有优缺点：第一，副梢结果萌芽率可达95%以上，甚至100%，芽眼萌发早，新梢长势旺盛，果实颗粒大，但容易出现结果部位外移和花量偏少的问题。第二，主蔓冬芽结果萌芽率通常只有70%左右，芽眼萌发晚，新梢长势弱，且常有脱枝掉芽的问题，果实也偏小，但主蔓冬芽结果不会造成结果部位外移且花量充足。

（2）成年树结果母枝剪留长度　其受树龄、枝组枝龄和园地生态环境等多因子控制，应灵活掌控。但是，必须坚持枝条成熟木质化，剪口下必须有花芽的基本原则，选择枝色深，有光泽，基部2节处较粗（0.8～1.2厘米），芽眼高耸饱满，鳞片紧的留作下年结果母枝。除极不易成花或促成栽培的情况外，大多采用1～2个芽短梢修剪。

（3）结果枝组的培养和更新　结果枝组是具有2个以上分枝的结果单位，其上着生结果母枝和新梢，一般在主蔓上相隔20～30厘米应保留有一个结果枝组，其培养方法如下：

　　一是幼树主要在主蔓上选留结果枝，定植当年冬季在主蔓充分成熟处剪截；第二年冬季在主蔓上按10厘米（每侧面为20厘米）左右空间选留健壮有花芽的一年生枝作结果母枝；第三年冬季，原先母枝上的一年生枝又转变为下一年的结果母枝，使原先母枝与当年母枝成为1个枝组。

　　二是成年树主蔓上每米5个母枝，每个母枝保留2个新梢；或每米10个母枝，每个母枝保留1个新梢。把位置不当、过密、受病虫害和残弱的枝组疏除，选留的枝组，每个保持有2个结果母枝，每年冬剪均采用单枝更新或双枝更新（图4-9）对结果母枝修剪，以保持结果枝组生长健壮。

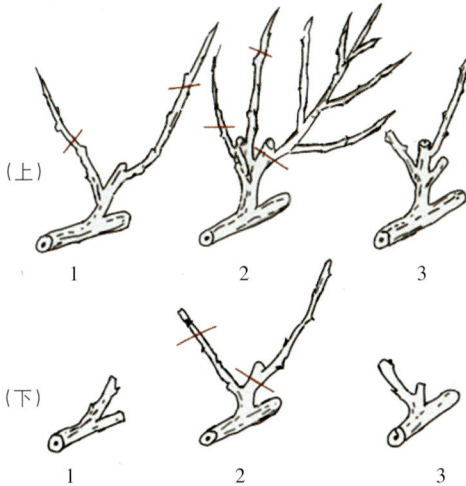

图4-9　结果母枝更新

上：双枝更新修剪法　1.前一年1中1短修剪　2.第二年中枝结果后疏除，短枝发出的2个枝，1中1短修剪（恢复到上一年）　3.第三年萌发前

下：单枝更新修剪法　1.前一年结果后留2～3芽短截　2.本年结果后修剪，疏去上位枝，短截下位枝（恢复到上一年）　3.第三年萌发前

　　随着树龄增加，枝组分枝级数加大，枝组逐年衰老，需从主蔓上潜伏芽发出新梢培养新枝组。枝组更新具体做法：逐年收缩

老枝组，剪去上位芽，多留下位芽，刺激主蔓上或老枝组上的潜伏芽萌发，培养成新枝组，有计划地逐年疏除老枝组，逐年更新复壮全部枝组（图4-10）。

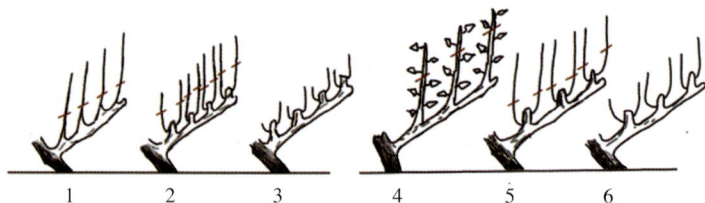

图4-10　结果枝组修剪与培养
1.前一年冬剪　2.本年冬剪　3.本年冬剪后枝组
4.本年新梢5～6片时摘心，促发副梢　5.当年冬剪时对副梢留2～3芽短截
6.第二年新枝组的结果母枝就有可能开花结果

（4）主蔓的更新修剪　主蔓在生产中往往出现下列状况，需因蔓规则，因枝修剪。

一是主蔓上结果部位外移，但中下部仍有枝组，可进行回缩修剪，把主蔓压缩下来，并更新中下部枝组，改善光照，促进中下部发出健壮母枝结果。

二是主蔓已老化，可在主蔓基部或下部选留新梢作预备主蔓培养，待预备蔓开始结果后，再剪去原主蔓。

第五章
葡萄结果与花果管理

葡萄生长过程中发生质的变化，当年冬芽即能分化出花序原基，在下一年春季萌发并开花结果，称为发育，包括从叶芽原基转化为花芽→花序→花蕾→开花→授粉→受精→结果。

一、葡萄花芽分化

葡萄在生长结果的当年又能在同一新梢上同时分化形成花芽，为下一年奠定产量基础。

（一）花芽分化时期

葡萄花芽分化，既是一个漫长的时间过程，又是一个生理与形态变化的复杂过程。对于大多数品种而言，其花芽分化是前一年开花前后10多天至1个多月的时间开始出现花序原基，直到第二年5—6月才出现花序的完整过程——一串串在各分枝顶端出现大量花蕾（通常为3个花蕾簇生在一起），尔后花朵开放。实践证明：葡萄花芽的分化期变化较大，不但随地区、品种而有不同，同时在很大程度上受农业技术影响。然而，过去研究花芽分化时往往忽视与农业技术挂钩，因而其结论存在一定的局限性和片面性。

（二）花芽分化过程

葡萄花芽形成过程是非常复杂的，首先是产生芽状的枝叶原始体，然后分化出芽器官，由叶芽状态向花芽状态转化。这一过程的内容是按照萼片→花瓣→雄蕊→雌蕊的次序分化，一旦雌蕊成熟其花蕾即完整。此时花蕾急需大量营养，必须地下施肥和叶面喷肥相继展开，才能加速胚珠和花粉的形成。至此花芽分化的全部内容即完成。

（三）影响葡萄花芽分化的主要因素

1. 光照　　光照是保证葡萄进行光合作用制造碳水化合物的能量来源，从而为花芽分化提供充足的养分，促使葡萄在花芽分化过程中获得又多又好的成花物质，从而促进花芽持续分化和花器官形成。相反，如果在花芽分化期间，葡萄长期处于弱光照、光照时间短的环境下，葡萄就会出现同化物质减少、内源激素失衡、碳氮比降低等抑制花芽分化，导致葡萄花芽分化数量少、质量差。

值得注意的是：①葡萄不同品种间所需光照时间长短差异很大，如某些美洲品种在长日照下形成的花序原基几乎为短日照下的3倍多。②冬芽中花序原基的数目和大小，随光照强度的增加而增加，光照强有利于花芽分化。

阳光玫瑰是一个对短日照和弱光十分敏感的品种，生产实践中日光温室促成栽培的阳光玫瑰往往花量极少，不能满足生产需求，采用补光灯在早期补光，可有效促进成花。

2. 温度　　葡萄花芽分化期间，需要较高的温度，理想温度为白天25～30℃，夜间10～15℃，昼夜温差大，葡萄白天光合作用制造养分多，夜里呼吸作用消耗养分少，树体每天营养积累多，可供花芽分化的营养就充足。如果温度低于8℃，葡萄根系吸收受抑，新根生长受阻造成葡萄因营养吸收不足，很难顺利形成足够的花芽而影响葡萄正常产量。反之，连续出现高于30℃的高温，则大部分葡萄无法正常形成健壮的花芽；如果温度持续高于35℃，葡萄已经分化的花芽可能退化成卷须；如果温度高于40℃，则已分化好的花芽也会出现"流产"现象，花芽坏死。

3. 湿度　　在葡萄花芽分化期间，园地土壤如果过旱（湿度低于40%以下）或过湿（湿度高于80%以上），都会导致葡萄植株的水分失调，出现生理代谢紊乱或者营养生长过旺，从而抑制花芽正常分化，甚至出现已分化的花芽退化成卷须。通常保持园地土壤含水量60%左右，有利于葡萄植株光合产物的积累，促进花芽分化。

4.养分　葡萄植株营养状况的好坏，对葡萄花芽分化极为重要，是花芽分化的基础。营养充足的健壮树体，容易产生芽状的枝叶原始体，能较快分化出芽器官，而且分化成花芽的数量多、质量好。相反，葡萄树龄大、树势衰、树体营养状况差，则花芽分化的速度慢、数量少、质量差。

葡萄花芽分化所需养分，主要依靠从土壤中吸收的水、无机盐和有机物以及由叶片光合作用所积累的碳水化合物。据研究，葡萄叶柄中的氮含量与结实力呈负相关，但叶柄中的磷含量则与结实力呈正相关，缺磷则影响花芽分化，适量的钾能促进花芽有效分化。所以，必须纠正偏施过多氮肥而磷钾肥不足的现象。

5.内源激素　葡萄树体内各种内源激素是否平衡，对葡萄花芽分化具有重要影响。

对葡萄花芽分化来说，赤霉素、细胞分裂素、生长素、乙烯等内源激素充足，葡萄花芽能够高质量持续分化；反之，如果葡萄树体的内源激素匮乏，则需及时人工补充植物生长调节剂来满足促花之需。

（四）促进葡萄花芽分化的管理技术

1.改善光照

（1）合理搭架　葡萄应采用通风透光、平衡树势的宽行稀植、稀疏留枝的管理技术；避免采用窄行双篱架栽种葡萄，以改善树体光照条件。如果已经采用双篱架的，可以采取隔行或隔株间伐或采用双"十"字形架、大V形架等进行光照的改良，以促进葡萄花芽分化和花器官的形成。

（2）强化棚膜透光　采用高透性棚膜，并在日常管理中及时做好棚膜外部的清洁，尽可能地增加葡萄光照量。

（3）科学修剪　提早春夏修剪，早抹芽、早摘心（花前2～3片叶时）、早抹副梢，以此平衡树势、促使花芽分化。秋剪时，及时剪掉病虫叶和老残枯黄叶片，减少树体养分无谓消耗，结果枝上适当多留副梢叶片，以增糖增色，提高果实质量。冬剪时，选择节间较短、芽眼饱满的枝条，进行中短梢短截，选留为结果母枝；细弱枝、强旺直立枝及时疏除。

2.控制温度　葡萄大棚升温后，第一周白天温度应控制在18～22℃，夜间5～7℃；第二周白天18～22℃，夜间6～8℃；第三周白天20～24℃，夜间9～12℃，以此来促进花芽分化。

3.调节湿度　葡萄园土壤的理想相对湿度应稳定在50%～60%，既不可过旱，也不可太湿，以免影响花芽分化。

4.合理负载　合理疏花疏果，保持葡萄树体合理负载，确保花芽分化时有充足的养分供应，从而实现花芽分化数量多，花器官质量好。

究竟留果量多少为合理？应当考虑气候、墒情、肥力、品种、树龄和管理水平等内外因素。通常每亩葡萄产量1 500～2 000千克，如果当年留果过多，分配到花芽分化上所需的养分就少，对第二年花芽形成影响很大，极易出现结果大小年的现象。

5.平衡施肥　葡萄施肥应当坚持有机肥为主、化肥为辅，合理施用氮肥、适量增施磷钾肥、科学平衡氮磷钾比例、及时补充中微量元素的原则。在葡萄枝叶旺长期，施肥以氮肥为主，进入开花坐果期以磷钾肥为主、氮肥为辅，同时叶面喷施0.3%磷酸二氢钾2～3次。

葡萄秋季施肥时，尽可能多施腐熟的有机肥改良土壤，增加树体养分积累，以便更好地促进新梢停长早熟，为花芽分化创造良好的营养条件。

6.环剥促花　新梢旺长，不仅在养分争夺能力上比较强，还会过分消耗树体贮藏营养，从而对花芽分化产生抑制作用，既延缓花芽分化的过程，也延长花芽分化的时间。

通过对葡萄主干或结果母枝基部和结果新梢基部环状剥皮

（图5-1），将光合产物暂时堵截在环剥口以上，有利于葡萄花芽分化所需养分的供应，增加花芽分化数量，促进花芽分化和花器官的形成。

图5-1　结果枝环剥
左：环剥口　右：愈合状

环剥促花的方法通常只适用于树势生长强的葡萄树体，老弱病残葡萄树体不宜环剥。此外，葡萄环剥的时间必须在新梢旺长，葡萄坐果以后到新梢停长前15 ~ 20天，环剥口能自然愈合以前进行；环剥口直径大小以环剥枝直径的1/10左右为宜，过宽影响树势和环剥口的愈合，过窄促花作用并不明显。

二、葡萄花器与开花坐果

（一）葡萄的花器

葡萄的花分为两性花和单性花。两性花由花梗、花托、萼片、花冠（花帽）、雌蕊、雄蕊和蜜腺组成，具有发育完全的雄蕊和雌蕊，花粉发育好，能自花授粉，一旦雌雄蕊发育完全，不等开花就能闭花授粉。单性花分为雌性花和雄性花，雌性花大多没有雄蕊，而有些虽然有雄蕊，但雄蕊的花丝短且开花时向下弯曲到雌蕊柱头的下位，花粉失去授粉机缘，表现雄蕊不育；而雄性花的雄蕊正常，但无雌蕊或雌蕊退化已无接受花粉的能力，不能形成果实（如山葡萄的雄株，S04、110R、420A等葡萄砧木），自然不可以作栽培品种使用。

阳光玫瑰葡萄是典型的两性花，具有发育完全的雄蕊和雌蕊，在自然生长进程中能正常地授粉、受精、坐果、形成种子，然而阳光玫瑰的幼果极易接受外来植物激素物质的诱导，通过外源激来处理促使胚胎发育终止而形成没有种子的无核果实。

（二）葡萄开花坐果

1.葡萄开花 葡萄萌芽抽梢→出现花序→花蕾成熟→开花，整个进程一般需要6～9周时间，决定开花的最重要因素是气温和湿度。通常平均气温达到20℃时开始开花，气温过低（15℃以下）和过高（35℃以上）都不利于正常开花。相对湿度在60%～80%之间是葡萄开花的适宜环境条件，湿度过低水分供应不足，易使花序枯萎或花期缩短，湿度过高又迫使叶片气孔关闭失去光合产物供应，都不利于正常开花。

葡萄开花最适宜的条件：结果枝具有15片叶，叶少了视为衰弱，叶过多视为旺长；气温20～28℃、土温（10～30厘米）15～20℃；相对湿度65%～70%；无雨、微风的晴天。

2.葡萄坐果 葡萄的单花开放过程是花蕾成熟后，在适宜的生态环境下花冠基部裂开，萼片向外翻卷，雄蕊成熟后花粉直接散落在柱头上，有的闭花就能授粉，有的待雄蕊花丝伸长顶掉花冠后授粉，这种花粉授给同一朵花的雌蕊上称自花授粉。花冠脱落或分离，花粉借助风力、虫媒等途径对另一朵花授粉称为异花授粉，建园时异花授粉品种必需配置授粉品种苗同时栽植，或在品种幼树上高接授粉品种。

葡萄开花后，花粉粒落到刚成熟的雌蕊柱头时，立即被柱头上的黏液粘住，在适宜的条件下花粉萌发，花粉管迅速伸长并进入花柱，雄配子通过花粉管进入雌蕊子房，与雌配子结合完成受精过程。通常自花授粉过程约需24小时，而异花授粉则需72小时左右才能使精子与卵结合并产生受精卵（合子）。受精卵需经10～20天的生理休整期才开始分裂形成胚，此时才算坐果成功。

（三）葡萄浆果生长进程

大量研究证实葡萄浆果从坐果开始生长膨大到成熟采收，其生长速率随季节而变化，并呈双S形曲线。全年生长进程可划分为3个时期。

第一期：果皮和种子迅速生长，细胞分裂与细胞增大同时进行。浆果的纵径生长明显大于横径，幼果表现出长椭圆形，本期生长量约占全年总生长量的2/3左右。所以，葡萄花果管理中的无核化和第一次膨大处理必须在第一期完成。

第二期：浆果生长极缓慢、生长量极少。主要是胚的发育与核硬化。浆果中有机酸含量达到最高值，并开始积累糖分。此期也称为硬核期。

第三期：浆果横径扩大明显，其生长量约占全年总生长量的约1/3。浆果出现开始成熟的外观，果皮颜色开始改变，绿色开始减退；浆果中的不溶性原果胶转变为果胶，从而果肉开始变软，糖分迅速增加，而有机酸则显著减少。当浆果达到本品种固有颜色、标准大小粒的外观和内在品质指标时，即为葡萄浆果成熟。

三、葡萄花序与整形

（一）葡萄花序

葡萄花由几百上千个花蕾组成复总状花序，有花序梗、花序轴和花蕾，呈圆锥形，个别的还有分枝形等9个类型，而我国目前生产园中只发现7个类型（图5-2），尚缺双歧肩圆锥形和单歧肩圆柱形。

图5-2　葡萄花序类型
1.圆柱形　2.双歧肩圆柱形　3.圆柱形带副穗　4.圆锥形　5.单歧肩圆锥形
6.圆锥形带副穗　7.分枝形

（二）疏花序

葡萄花序量很大，生产中如果任其生长开花结果，亩产葡萄鲜果可达5吨以上。然而由于光热资源和葡萄叶片光合产能的限制，必然导致浆果品质低，甚至失去商品价值，还会因结果过多过度消耗树体营养形成大小年结果或死亡。为了葡萄每年都能优质、丰产、稳产，减少树体养分无谓的消耗，必须于花序开始分离能看清花蕾质量时进行疏花序，通常强旺结果枝留2穗，"以果压旺"削弱生长势，健壮果枝保留1穗，弱果枝不留穗。阳光玫瑰初花期结果枝长度100厘米以上留2个花序，50 ~ 100厘米留1个花序，50厘米以下不留花序。此外，处于内膛得不到充分光照的花序、伤病花序、畸形或过小花序应及时疏除；培养下一年结果母枝的延长枝头和更新枝上的花序也必须及时疏除。

（三）花序整形

1.花序整形的目的　①使果穗达到一定的大小和形状，有利于果穗的标准化，既保证了穗重的一致性，又便于精美包装；②有利于养分集中保花保果，从而提高坐果率；③疏除多余、无用的分枝和花蕾，可以大大减轻尔后的疏果压力。

2.花序整形的时间　在开花前2 ~ 3天已见花序充分分离时进行。

3.花序整形的方法　总的方向是剪去花穗上部分分枝，保留穗尖一定数量的花蕾，生产实践中还要根据品种特点、树体生长势、园区劳动力、市场需求、产品定位等诸多因素，选择易操作、省力、高效的整形方式。当前，生产中使用较多的，一是保留花序中部：研究发现，不同部位花蕾的开放时间顺序并不相同，一般花穗中部的花蕾发育好、成熟早、最先开放，其次为花穗基部，最后是穗尖。根据这种开花特性，以往我国果农就是广泛采取掐穗尖、去副穗、去上部多余分枝，剪留中部花序的整形方式用于葡萄生产。二是留穗尖法（图5-3）：此方法简单容易、省时省工，很快就在我国全面推开，就是根据不同品种树势、季节时期、生态环境，选定保留花穗的长度为3.5～8厘米，花穗基部、中部和靠近中部的多余分枝一律剪除。

图5-3　葡萄花序整形——留穗尖法

四、葡萄果粒无核化与膨大处理

（一）植物生长调节剂的作用

植物生长调节剂是植物体内天然存在的对植物生长、发育有显著作用的生理活性物质，又称植物内源激素。生产上使用的植物生长调节剂是从植物中提取或人工合成的与植物体内源激素具有相类似生理活性的物质，果农用于葡萄果粒无核化与膨大处理的赤霉素、细胞分裂素和生长素，使用后能同时使有籽葡萄变为无籽，并使果粒增大50%以上甚至增大1倍以上的神奇作用。

阳光玫瑰商品化生产中，普遍采用外源激素处理，进行无核化栽培，这就人为影响了自然开花授粉的过程，通过外源激素处理，导致胚发育终止，不能形成种子，从而不会产生内源激素促进果实发育，果实细胞分裂和生长主要依靠外源激素，然而，外源激素处理后，幼果内的激素水平呈逐渐下降的趋势，一般在处

53

理后的第15天达到最低，不足以促进果实继续快速膨大，因此，生产中在第一次处理后的第15天以内再进行一次膨大处理，以保持果实内的正常激素水平。

（二）葡萄无核化与膨果处理

1.处理时间　在盛花末期至开花后1～3天，当花冠顶起可以看见花冠下方的小果粒时进行无核化处理。处理过早容易造成果穗弯曲，产生僵果，坐果过多；处理过晚导致无核率偏低、坐果量不足。最好相隔1～2天分批次进行，以保证商品果100%无核。天气对无核处理影响较大，雨天、高温不宜无核化处理，晴天10：00之前和16：00之后处理较好。

膨果处理时间是在无核化处理以后15天内进行。

2.处理方法　第一次无核处理（亦即保果），采取12.5～25毫克/升赤霉素+2～5毫克/升氯吡脲浸渍果穗并做好记号避免重复；以后每间隔1～2天用同样的药剂和同样的时间对最新坐果的果穗进行浸渍3秒钟，遇上阴雨天或低温时，浸后应掸去果穗上多余的水剂以防产生僵果，尔后挂上不同颜色的标记牌以示已经过处理。

第二次膨果处理，可以在无核化处理后10～15天采取25毫克/升赤霉素单独浸果，也可采用25毫克/升赤霉素+3～5毫克/升氯吡脲浸果，同一个葡萄园的同品种同龄树可以一次性处理，也可以分批次处理。

五、葡萄果穗疏粒

（一）果穗疏粒的时间

阳光玫瑰葡萄坐果前由于接受无核、膨果等处理剂的刺激，幼果粒生长极快，坐果后一周时间其体积就能达到黄豆粒大小，如不及时疏粒定穗，果穗很快就会拥挤，以后的疏粒剪就无从下手，给疏果操作带来很大难度，甚至影响果穗形状和果粒最终大小。因此，阳光玫瑰葡萄第一次浸药保果后7～10天内必须尽早执行疏粒作业。

（二）果穗疏粒的方法

阳光玫瑰葡萄果穗疏粒是采用葡萄修剪专业工具疏果剪，在确定穗形、穗重和粒重的前提下，采取合适的疏粒方法，如疏去过多分枝、回缩过长分枝头、剪除部分萎缩穗尖，将果穗调整为预期的圆柱形或圆锥形，然后再进行疏粒。我国葡萄生产中疏粒方法很多，在此仅选当前普遍采用的两种方式介绍。

1.果穗打单层　从上到下依次进行，将每个分枝回缩至最基部的1～2个二级分枝。

2.果穗疏粒　根据葡萄果穗自由生长的果粒分布规律"上部粒数多，下部粒数少，上部分枝上下间距大，下部间距小"的特点，疏果时从上至下要使每个分枝上的果粒逐渐减少，才能保证果粒均匀的着生密度，而且使果穗呈圆柱形或圆锥形。生产上经常采用的留粒方式有6-5-4-3-1、5-4-3-2-1，4-3-2-1等方法，数字代表从上往下每个分枝的留果数。以5-4-3-2-1方式为例，每三个分枝为一层，果穗最上层3个分枝为第一层，每个分枝各保留5粒果；再往下3个分枝为第二层，每个分枝各保留4粒果；再往下3个分枝为第三层，每个分枝各保留3粒果；再往下3个分枝为第四层，每个分枝各保留2粒果；最下端（穗尖）不能明显分清分枝数和层数的部分，留6个单粒，即6×1=6，最终这穗葡萄总果粒为48粒，用数字表达为：5554443333222111111。

六、葡萄果穗套袋

（一）果穗套袋的作用与目的

①保护果实不受病、虫、鸟类危害。

②降低果实农药残留。

③改善果皮细胞结构，皮薄而细腻，果点小，果锈轻，果面光洁美观。

④前期套袋产生的细腻而光洁的果皮，到后期果实成熟采收之前脱除果袋，极易调动花青素激增，改善果实着色。

（二）果穗套袋的时间

果穗套袋通常在果穗无核化、疏果、膨大处理后，果实刚刚软化时，在晴天8：00—10：00和16：00以后套袋为宜，切忌雨后高温立即套袋。

（三）果袋的选择

葡萄果实袋的种类和功能多样化，有纸质的、无纺布的、孔塑膜的，加上白、绿、蓝、黄、黑等不同的颜色，真是五花八门，各种组合都各有特性，对果实的保护作用的重点各有千秋。必须根据果园的品种、气候、土壤、树势和对产品等级要求，选择能够达到目的果实袋。如：白色纸袋，袋内温度高，光线遮挡作用弱，有利于着色和早熟；绿色纸袋具有一定遮光作用，不易使绿色品种产生果锈；而采用蓝色纸袋或伞袋遮蔽部分光能延缓果实老化，从而降低了果锈症状的发生程度，但是颜色较深的蓝色袋却能延迟果实成熟。

（四）果穗套袋的方法

套袋前必须对果穗浸药处理，选择能够兼治多种果实病害和虫害、高效低毒、无药渍残留、药效期长的杀菌药剂，如吡唑醚菌酯+苯醚甲环唑+高效氯氟氰菊酯+乙螨唑等浸果。尔后选取果穗袋，将手伸入袋内，使果袋张开，从果袋底部往上套，底部留点空，然后将袋口收拢，用口袋上的铁丝把袋口扎紧（图5-4左）；而容易产生日烧或日灼的葡萄果穗，则采取伞袋遮挡强光暴晒（图5-4右）。

图5-4　葡萄套袋
左：套纸袋　右：套伞袋

七、阳光玫瑰葡萄精品果的培育

阳光玫瑰葡萄果实质优爽口、肉脆细腻、香甜润喉，人人喜爱，深受欢迎！然而，阳光玫瑰葡萄栽培技术要求较为严格，若要将它培育成精品果，并非易事，至少凡事必须抓住"时、量、位"三个字。在此按生产时间和物候顺序择要总结如下。

（一）选地建园

应选择交通方便、地势开阔、供排水顺、土壤肥沃、气候良好的地方建园。

超百亩的大型葡萄园，应按现代化要求进行作业区划分，对道路、水利、电力、防护系统和选果、包装、鲜贮、工具机械、产品宣传、销售、办公生活等进行规划设计。

（二）苗木准备

苗木是建园的基础，首先要求阳光玫瑰嫁接苗的接穗和砧木最好是无病毒的；其次苗茎上有3个以上成熟饱满芽、苗茎粗度5～8毫米，而且应选择长势旺盛的贝达、华佳8号、5BB、S04等砧木。

苗木根系应尽量留长，据调查：阳光玫瑰僵苗与栽前根系剪得短有很大关系，剪留长度40～50厘米都没问题。剪根后全部苗木应置放 1 000 ～ 1 200 倍多菌灵水溶液中浸泡 4 小时以上，使苗木吸足水分的同时又彻底杀菌消毒。

（三）花序选留与整形

1.选留花序 强旺结果枝留 2 个花序，"以果压旺"削弱树势，健壮结果枝保留 1 穗花序（去弱留强），弱枝不留花序。

2.花序整形 采用保留穗尖法，花前 1 周至初花，只留穗尖 3 ～ 5 厘米，其余剪去。初结果树穗轴拉长幅度小，花序剪留长度宜长（5 ～ 7 厘米）不宜小。

成年结果树穗轴拉长幅度大、花序分枝外移显著，花序剪留长度宜小（3 ～ 5 厘米）不宜大。满开花时，花序选留要看结果枝长势，中庸、健壮，长度 50 ～ 100 厘米的结果枝选留 1 穗；衰弱，长度不足 50 厘米的结果枝不留穗；个别较稀疏且长度 100 厘米以上的结果枝可选留 2 穗。

（四）无核处理

无核化是阳光玫瑰葡萄最显著的栽培特性之一。

阳光玫瑰开花期少则 3 ～ 5 天，多则 8 ～ 10 天。而无核处理必须在盛花末期至盛花后 1 ～ 3 天进行才有效，这就要求严格遵守每穗幼果必须在花满日至满开后 3 天内，采用 25 毫克/升赤霉素 +2 ～ 5 毫克/升氯吡脲浸蘸果穗，并在处理后果穗上做好标记避免重复。以后每间隔 1 ～ 2 天对新开花的果穗进行相同的处理。

（五）膨果处理

无核处理后 10 ～ 15 天进行分批次膨果处理，采用 25 毫克/升赤霉素 +3 ～ 5 毫克/升氯吡脲浸渍果粒，促进果实加速膨大。

（六）疏果处理

①调整穗形。疏果必须早，在无核处理 7 天后至果粒黄豆粒大小时，必须进行穗形调整。根据目标穗重保留穗尖 14 ～ 18 厘

米，将上部过多的分枝剪掉，基部有明显分层的分枝剪留成单层果粒，穗尖有分叉的剪留成比较顺畅的一个穗尖等。

②首次疏果。先疏去病虫果、畸形果、小粒果和个别突出的大粒果，然后最顶端保留部分朝上果粒，以便包住主穗轴，末端保留穗尖，以达到封穗效果。其余中部小穗剪去向上、向下、向内生长的果粒，留下一层顺畅一致向外生长的果粒，以利长成圆柱形果穗。

③再次疏果。在果穗套袋前应根据果穗长势变化，进行多次疏果，主要是剪除个别僵果、病虫果、突出的大果粒，最后确定标准的圆柱形果穗。

④阳光玫瑰葡萄"数列"疏果法，以5-4-3-2-1方式为例，最终的数列疏果图：5554444333333222211。圆柱形果穗，每穗60个果粒，每粒果重13～16克，每穗重780～960克。

（七）套果实袋

阳光玫瑰葡萄容易日烧和气灼，果穗套袋时间理应推迟到果实成熟后期避开高温伤害。可是，这也太晚了，葡萄果粒已经长到顶大，失去大部分应该保护的时间。果穗理应在膨果处理后立即套袋才符合套果实袋的目的和作用，然而这与上述的矛盾必须调和才能解决，当前比较好的实行办法有2种。

①套纸伞：于膨果处理后给果穗套上蓝色纸伞，可防烈日暴晒而产生日烧和气灼。

②摘心增副穗：于果穗上3～5叶处摘心，促使萌发副梢，保留副梢2～3片新叶遮阴来避免或减轻果实日烧和气灼。

（八）肥水一体化

首先，应采用肥水一体化系统的装配：有配肥室（肥料罐、称重器、水源、出水管及泵）和全园肥水一体化管道网络。

其次，要有全年供肥供水的生产计划：包括肥料制备或采购，水源涵养，输液管线和滴管的布置，以及施肥时间、种类、浓度、每亩用量等实施方案。

最后，要求树立施肥改土思维，保持疏松通透、养分充足的土壤，获得浆果优质高产。

1.施肥作用 土壤是葡萄生存的基础，葡萄光合作用获得的碳水化合物等营养，其中矿质元素和水分都是通过根系从土壤中吸取，供给葡萄生长发育所需，所以必须多施有机肥和生物肥促使园土有机质含量达到5%。

2.施肥原则 一是以有机肥料为主，化学肥料为辅，适当加入微生物菌肥和中微量元素；二是肥料施入土壤后，必须浇水才能发挥肥效，供葡萄生长和开花结果。

3.施肥时期 春天，新梢长至6～7片叶后才能开始追肥，道理很简单，叶片产生蒸腾拉力后根系才具有强力的吸水、上输能力，施肥后能很快被树体吸收，不至于浪费。

夏季是葡萄生长发育旺盛时期，也是树体需肥高峰，必须按计划备足肥料种类和数量，以便及时实施。

秋季是葡萄成熟季节，也是果实膨大、增糖、上色、纳香的关键时期，更是磷钾肥需求高峰期，必须按需按时供给。同时，还是一年中为园地奠定肥料基础的秋施肥时期。

4.不同物候期需要元素和数量

新梢生长前期：每亩滴灌冲施肥（矿源黄腐酸钾或海藻酸类1千克），每10天1次，连续2次。

花期至盛花期：主要喷洒（果和叶）铁肥、硼肥和锌肥。

幼果期：以速效氮肥和钙肥为主，如硝酸铵钙每次每亩施2.5～5千克，每10天1次，连续2次；土壤中磷钾元素匮乏的地区，可轮换冲施平衡肥。

硬核期：以中钾肥或平衡肥为主，每次每亩施2.5～5千克，施用1～2次。

果实成熟期：以高钾肥为主，每次每亩施2.5～5千克，各施用2～3次。

采收后恢复期：果实采收后应立即土施或喷施少量（每亩

2 ～ 3千克）尿素＋钾肥，以恢复树势和营养储备。

秋施基肥：以农家肥料（必须腐熟）为主，每亩不低于10吨，必要时还要增加复合肥50千克＋过磷酸钙300千克左右。挖沟深宽各40厘米左右施入，然后浇水、覆土。

（九）必须消除的顽疾

在第一章就明确指出阳光玫瑰葡萄的缺点，作为精品果是不允许这些缺点存在的，必须在栽培过程中彻底消除。

1.病毒　新建的葡萄园必须选用无病毒嫁接苗木定植，并严格实行选用10年内从未栽培过葡萄的新地块建立无病毒葡萄园。而且在今后的生产管理中要做到与其他葡萄园（包括葡萄树、苗木和农机具）和已经在老园使用过的各种农业机械有效隔离，彻底与葡萄病毒不接触。

2.气灼（图5-5）　气灼通常是幼果期内在连续阴雨或田间湿度大的情况下，突然转为35℃以上高温晴热天气，所引起的果实水分失调；其根本原因是根系短期内供水不畅，叶片调用果实中的水分维持蒸腾作用，致使果实失水。发生气灼的果实皮层在2小时就出现失水、凹陷、浅褐色斑点等系列症状，并由许多小斑点迅速扩大为较大面积褐色斑，从而导致整个果粒形成"伤残果"。为避免或减轻气灼的危害，其防治措施必须从养根、护根和突遇高温天气降温入手，保持植株水分的供求平衡。为此，生产上可采取如下措施：

图5-5　葡萄气灼症状

①一旦发现园内出现高温，应立即开棚降温、囤冰降温至30℃以下。

②保证植株水分供应。一方面土壤不能缺水，特别是幼果期随时都能滴灌，保持土壤湿度60%～70%；另一方面保持植株健康，无病虫危害，整个植株从下往上都能满足水分需求。

③从早春开始就要注重养根护根，培养健壮的根系，增强根系的吸收能力。

④采取科学的架式、合理的树形，重视春、夏修剪和果实套袋等栽培技术，为植株随时保持水分平衡做好基础保障。

3.果锈（图5-6） 幼果果皮角质层较薄，而蜡质层尚未形成，自我保护能力较差，外界环境稍有不良，就易引起角质层龟裂，导致细胞木栓化而产生果锈。所以，强壮树势，加速幼果健康成长是预防果实角质层龟裂产生果锈的根本。为此：

①选用无病毒嫁接苗木，加速幼树健康成长。

②科学施肥。多用有机肥，少用化学肥料；多用磷钾钙肥，少用氮肥；既用大量元素，又配用中量和微量元素。

图5-6　葡萄果锈症状

③科学选药防治病虫。一是禁止使用有机硫、铜类容易使果面产生果锈的农药，二是选用可使果实表面光亮的药剂避免产生果锈。

④果实套袋。

第六章
葡萄土肥水管理

一、葡萄园土壤管理

（一）土壤是葡萄生存的基础

葡萄园土壤由颗粒状矿物质、有机质、水分、空气、微生物和蚯蚓等组成，它既能固定葡萄植株，又能为葡萄提供水、气、热、肥等90%以上的物质。

土壤还是葡萄生命活动的介质。葡萄通过光合作用获得碳水化合物营养，绝大部分供应地上部枝叶花果，同时也为根系自身生长所消耗。所以，可以毫不夸张地说：没有健康的土壤，哪有优质丰产的葡萄？

（二）葡萄园土壤"三相"组成

土壤"三相"即固相（土壤中各种形状、粗细土粒集合和排列成固相骨架）、气相（土壤颗粒间空隙中存在的气体）和液相（土壤空隙中的水和溶于水的溶液）。其各自的容积占土体容积的百分率，分别称为固相率、气相率和液相率，这个百分率对葡萄根系生长和根系功能的发挥至关重要，直接关系到根系的分布和营养吸收，影响着葡萄的产量和质量。据研究，葡萄园土壤固相率40%～55%、气相率20%～40%、液相率20%～30%较为理想。

（三）葡萄园土壤管理办法

1.清耕 土壤清耕法就是全年都进行松土除草，使土壤保持没有杂草且表面疏松的状态。其好处是：提高地温；地表通气良好；切断土壤毛细管防止土壤水分蒸发；有利于土壤有机质加速分解。但是，长期采用清耕的土壤，其表层有机质很快减少，导致土壤团粒结构破坏，肥力迅速下降。

2.覆盖 土壤表面覆盖有机材料（如干草、秸秆、稻壳、木屑等），可提高地温、阻止地表水分蒸发起到保湿作用，防杂草也很有效。对于设施栽培和观光园，大多采用无机材料（如塑料膜、园艺地布、无纺布等）覆盖，既美观又便于顾客行走和观光，但是投入较大（图6-1）。

3.生草 对于非埋土防寒地区的葡萄来说，实行生草化不仅可以提高土壤肥力，还能增强土壤蓄水保墒能力，而且能改善葡萄园生态条件，减少水土流失，有效调节地温（夏降冬增），增加土壤有机质，促进土壤团粒结构形成等。尤其是兼有旅游观光性质的自采果园、葡萄主题公园，生草化管理突显绿色美景（图6-2）。

图6-1 葡萄园土壤地膜覆盖　　　　图6-2 葡萄园土壤生草

生草可以选用牧草（如苜蓿、草木樨、白三叶）、禾本科矮生多年生绿草，也可选用矮生作物（如甘薯、草莓、花生等）。

二、葡萄园肥水管理

（一）葡萄对肥料的需求

据研究，实现葡萄优质丰产的基本元素如下。

来自空气和水：碳（C）、氢（H）、氧（O）。

大量元素：氮（N）、磷（P）、钾（K）。

中量元素：钙（Ca）、硫（S）、镁（Mg）。

微量元素：铁（Fe）、锌（Zn）、锰（Mn）、钴（Mo）、铜（Cu）、硼（B）、氯（Cl）。

葡萄从土壤、空气和水中获取上述16种基本元素，通过光合和辅助酶的作用，制造碳水化合物，并以此滋养整个树体，促进生长和开花结果。

实践证明，葡萄不仅是"钾"作物，更是"钙"作物，而且是氮、磷、钾、钙、镁五大元素不可缺的作物，其中任何一种元素都不能少，也不能多。

氮是植物细胞蛋白质的主要成分，也是叶绿素、维生素、核酸、酶、激素的组成成分，因而它是生命物质的基础，由此可见氮在葡萄树体生命中的重要地位。葡萄缺氮时，生长速率显著减退，首先表现在叶片迅速老化，光合效能极低，不仅新梢枝蔓生长缓慢，而且花芽分化受阻。而氮过多，生长过旺，其后果不言而喻，致使葡萄产量极低，浆果少糖、着色难、无香乏味，品质低下。

磷是植物细胞原生质和细胞核的主要组成成分，对碳水化合物的形成、运转、相互转化，以及对脂肪、蛋白质的形成都起着重要作用。磷在促进细胞分裂、开花结果、授粉、果实发育、提高果实品质、促进花芽形成等方面都起到重要作用。葡萄缺磷时，硝态氮积累和蛋白质合成受阻，首先是叶片由绿变黄，其次花芽分化不良。而磷肥施用过量，则引起树体缺锌。

钾在光合作用中占重要地位，是碳水化合物的运转、储存、以及淀粉形成的必要条件。因此，葡萄生长或形成新器官时都需要钾的存在。钾可防止细胞失水，提高葡萄抗逆性。葡萄缺钾时，树体光合作用受抑制，叶绿素被破坏，蛋白质解体。钾过量时，则会引起离子间的竞争，影响树体对其他元素的吸收利用，如氮的吸收受阻，发生缺镁症并影响对钙的正常吸收。

钙是以果胶钙的形态参与细胞壁的形成，钙使原生质水化性降低，与钾、镁离子配合后保持原生质的正常状态，促进植物正常生长；钙是某些酶和辅酶的活化剂，关系到蛋白质的合成及碳水化合物输送；钙对外部介质的生理平衡具有特殊作用，它能消除某些离子过多所产生的毒害，使土壤不积累或少积累有毒离子，维护树体健康；钙是不易流动的元素，多存在于茎叶中。综上所述，归结到一个问题，钙对果实品质有很大影响，主要是对果实生理起着重要作用：一是钙为某些酶或辅酶的活化剂，是细胞膜和液泡膜的黏结剂，可维持细胞的正常分裂，使细胞膜保持稳定，从而加速果实膨大；二是含钙量较高的果实可以有效地降低果实的呼吸水平，减少果实内养分消耗；三是含钙量较高的果实成熟期能延长，果肉坚挺、品质好、耐贮运、保鲜期长。

镁是叶绿素的主要组成成分，镁对树体生命过程能起调节作用；在磷酸代谢、氮素代谢和碳素代谢中，它能活化许多激酶，起到活化剂的作用；镁在维持核糖、核蛋白的结构和决定原生质的理化性状方面都是不可缺的。葡萄缺镁时，最大的障碍就是不能合成叶绿素，其症状是叶片失绿。而叶绿素是光合作用的"机器"，缺镁的葡萄其一切生命活动都将受到严重影响。

（二）科学施肥的最大效率期和营养临界期

上文只是提出葡萄生长发育必需的基本元素及其作用，可是葡萄年周期生命活动中不同物候期需要元素的种类和数量并非一致，而且同一元素在不同时期施用所产生效率差异也是显而易见的。

肥料最大效率期是指施用某种营养元素能产生最大效率的时

期。这一时期是葡萄一年中生长旺盛，吸收营养最多的时期。此期通过追肥及时满足树体对营养的需求，对提高当年浆果产量和改善果实品质效果最为显著，而且为翌年稳产也奠定了物质基础。

然而，葡萄是多年生藤本果树，它对养分的吸收利用不仅要满足当年根、茎、叶的生长需要和开花结果的生理需求，而且还要吸收一定养分贮藏于树体供越冬和翌年早春生长发育的正常生理需要。这对肥料的供求关系就变得更加复杂了，它不像一年生作物春天长、夏天孕、秋天果那样，而是新梢生长过程中叶腋的冬芽，既在形成进程又是孕育开始，因而对肥料的需求既要大量氮素又要适量磷、钾、钙、镁和某些微量元素。所以，又出现营养临界期。

营养临界期是指营养对树体生长发育影响最大的时间。这一时期，葡萄对某些元素需要的绝对量却不多，但对树体的影响却很大，是以后难以弥补和纠正的。就是说此时若不供给所需元素，以后再补救也无济于事了。所以，葡萄施肥过程中，每个时期追施肥料的元素和数量恰好能满足此时树体所需，这才是我们所追求的科学、准确的施肥目标。

（三）葡萄对土壤的要求

葡萄对土壤的适应性很强，除沼泽土和重盐碱土以外，大都能在其他土壤上生长。排水通气良好的砾质土壤深得葡萄的喜爱，如我国新疆吐鲁番的葡萄大部分就种植在含大量沙砾的戈壁滩上。但是葡萄对土壤化学成分的要求还是很高的，除我们已经在上节提到的16个基本元素（其中氮、磷、钾、钙、镁五大"当家"元素）是树体生长发育过程必不可少的以外，葡萄特别喜欢高肥力土壤。葡萄在高肥力土壤中，不仅健康生长，而且结出的果实粒大穗美，糖高肉细。所以，栽培者必须清楚什么是土壤肥力和土壤有机质，以及培育高肥力土壤对葡萄生长结果和增产提质的意义。

1. 土壤肥力　土壤肥力指的是土壤能够供给和协调葡萄生长

发育所需肥、水、气、热的能力，它们存在着既矛盾、又制约、并促进的关系。代表土壤肥力标志性指标的是土壤有机质含量，当前世界上鲜食葡萄质量最好的要数日本生产的阳光玫瑰"晴王"牌葡萄，其葡萄种植园的土壤有机质含量大多在5%以上。

2.土壤有机质 土壤有机质指的是土壤中形成的和外部加入的所有动、植物残体不同分解阶段的各种产物和合成产物以及土壤微生物的总称，其中腐殖物质占60%~80%，非腐殖物质占20%~30%。

土壤中的有机质必须转化成腐殖质才能被植物吸收利用，因为有机质经微生物分解成多酚、多醌类等胶状高分子有机化合物后，在土壤中才能相稳定，才有机会被根系吸收利用。有机质在土壤中主要作用：

①能使分散的土粒相互胶合形成团粒结构的土壤，透水透气性好，供肥能力强。

②能增加有益微生物种类和数量，促进微生物对土壤有机质的分解利用。

③提高土壤中酶的活性，刺激葡萄生长，增强抗逆性能，提高葡萄产量和质量。

④减轻土壤盐渍化和酸化，增强土壤保肥保水能力。

（四）培育高肥力土壤

1.整理和保护园地

①现代化葡萄园首先要求土地局部平整，园成方、路宽敞，利于机械化作业，以提高工效。

②防止水土流失，保护葡萄良好生态环境。

③园区建设防护林带，以防御自然灾害、维护设施、保护生产、绿化环境和维持生态，还可以调节空气的温度、湿度。

④园区尽可能由露地栽培改成设施栽培，以农业现代信息技术、生物技术、新型材料和园艺栽培最新技术为支撑，提高土地产能，实现葡萄优质、高产、安全和高效。

2.增施有机肥

（1）开辟肥源　首先要创建绿肥生产基地，如每年播种紫花苜蓿、草木樨、沙打旺等；其次是收集园区或周围的作物秸秆、杂草和葡萄枝叶；此外还可从外地选购，如畜粪、草炭、农产品加工剩余物等。

（2）腐熟加工　将收集到的各种有机肥原料进行分类、去杂、粉碎、拌料，然后按类别进行沤制、加温发酵，促使有机物分解成为肥料。

（3）秋施基肥　经完全发酵腐熟的有机肥料，于葡萄采收以后，通过撒地深耕、开沟深施，然后浇水，如果气温甚好（15℃以上），还可覆盖白色地膜提高地温，以加速有机质分解，尽快发挥肥效。

3.科学追施化肥　

有机肥料虽好，也不可能在任何时候都能满足葡萄生长发育所需。在科学发达的今天，通过叶分析能发觉什么时候缺素，情况一目了然，能够及时补充葡萄植株所需元素。这是培育高肥力土壤最后一道守门关。

（五）肥水一体化

肥水一体化是农业现代化工程装备技术在葡萄产业中的一个分支，它是将葡萄所需化学元素通过装备与水融合成为水溶液，再从管道的滴头分配到每株葡萄根系，栽培者坐在操作室眼看视频、手握阀门，就能完成每次的施肥浇水任务。

1.肥水一体化装备与实施计划

首先要做好肥水一体化系统装备：有配肥室（肥料罐、秤、水源进口和水肥出口管道及泵等）（图6-3）和全园肥水一体化管道网络（图6-4）。

其次要设计好全年肥水供应计划：包括肥料来源（制备或采购）、水源涵养、输水管线、滴管布置以及施肥供水的时间、种类、浓度、用量等实施方案。

最后要树立施肥改土思维，造就高肥力土壤，科学施肥浇水。

图6-3　肥水一体化配肥室

图6-4　肥水一体化管道网络

2.施肥原则　一是以有机肥料为主，化学肥料为辅，注重有机、无机和微生物肥相结合。有机肥料必须发酵腐熟才可施用。二是化学肥料中的大、中、微量元素，依不同季节树体的需求不同，分批次、按比例相融合，使用时需经单位农技主管审查批准后才能实施。三是追肥与其他农艺栽培技术措施相结合。四是每次土壤施肥后必须浇水，才能有效发挥肥效。

3.施肥方法　一是施用有机肥基肥，通常都是挖沟（深、宽40厘米）施入；有机肥料与土拌匀混合施入，也有分层施入（最底层有机物料＋中层表土和肥料＋上层心土）。二是施用化学肥料，一般都是采取肥水一体化系统滴灌至土壤根系，有时也采用喷液至叶片。

4.施用时期与肥料配方　春天，新梢长至6～7片叶后，叶片产生的蒸腾拉力对根系具有很强的吸水、上输能力，施肥后能很快起作用。

新梢生长前期：每亩滴灌冲施肥4～5千克，每10天左右一次，连续2次；或尿素5～10千克＋复合肥5～10千克。

花前至盛花期：主要喷施铁、硼、锌肥于果枝、果穗和叶片。

幼果期：硝酸铵钙与平衡肥轮换使用，每次每亩施2.5～5千克，各施用2次。

硬核期：高钾肥与黄腐酸钾轮换使用，每次每亩施2.5～5千克，各施用2次。

果实成熟期：高钾与高磷轮换使用，每次每亩施2.5～5千克，连续施用2～3次，磷酸二氢钾采用喷施果和叶。

采收后树体恢复期：葡萄采收后立即土施或喷施少量（每亩3～5千克）尿素＋钾肥，以恢复树势。

秋施基肥（图6-5）：以腐熟农家肥为主，化学肥料为辅，每亩施农家肥10吨＋复合肥50千克＋过磷酸钙300～400千克，开沟施入，沟深、宽各40厘米。

图6-5　秋施基肥

第七章

葡萄园安全保护

葡萄园的安全涉及多方面，包括人为方面、设施方面、自然环境及葡萄树体等方面，其中设施葡萄的病虫害、缺素症状和气象灾害是本章讨论的重点。

一、葡萄主要病虫害与防控

（一）葡萄真菌病害

1. 葡萄白粉病　葡萄白粉病（图7-1）是一种可侵染果实、叶片、穗梗、枝蔓等部位的真菌性病害。

图7-1　葡萄白粉病症状

（1）症状诊断　葡萄白粉病菌具有表面寄生的特点，只靠吸器侵入表皮细胞吸取营养，不侵入组织深处。叶片发病时，最初在叶片表面形成白粉状病斑，以后病斑变为灰白色，上面布满一层白粉，这是该病诊断的最主要特征。此病与霜霉病的最大区别是肉眼不见较长的绒毛状菌丝体。白粉病病斑轮廓不清，大小不等，形状各异，叶背面的病斑处组织褪绿，呈暗黄色；1个叶片常同时发生多个病斑，后期相互联合成不规则形大斑，甚至布满整个叶片，严重时叶片卷曲变形、干枯脱落。新梢、卷须、穗轴和叶柄发病后，均在组织表面长出灰白色或暗褐色粉状物，病组织色暗、变脆、畸形。花穗在开花前后也可受白粉病菌侵染，严重时整个花穗布满白粉，造成坐果不良和落花。果粒发病时，首先在果面上分布一层稀薄的灰白色粉状物，严重时可布满大半个果粒甚至整个果粒，用手轻轻擦拭即可擦掉表面白粉层，可见果皮组织呈暗褐色星芒状、网状、花纹状坏死，病果生长受阻，着色不良，容易裂果，酸性较高，不能正常成熟，幼果得病后易枯萎脱落。

（2）防控技术

①清除病源。葡萄进入休眠前，结合修剪尽可能剪除病梢、病芽、病果穗及其他病残体，彻底清扫枯枝落叶及落果，剥掉树干老皮，集中烧毁。

②栽培管理。园内应尽量保持葡萄冠层透光量，因此应及时整枝、绑蔓、摘心，剪除多余副梢、叶片及卷须等，合理控制结果量，避免植株徒长，使架面通风透光良好。科学施肥灌水，避免偏施氮肥。

③药剂防治。葡萄需要特别注重前期使用药剂防治，即在葡萄发芽前，可于葡萄枝蔓上喷洒3～5波美度石硫合剂以杀灭表面病菌。在葡萄生长期间较常用的杀菌剂有1%武夷菌素水剂200倍液、2%嘧啶核苷类抗菌素水剂150倍液、50%嘧菌酯·福美双可湿性粉剂1 500倍液、12.5%腈菌唑乳油2 000～2 500倍液、25%三唑酮1 000～1 500倍液、75%百菌清600～800倍液、70%甲基硫菌灵500倍液、1.8%辛菌胺醋酸盐水剂600倍液、37%苯醚甲环唑水分散剂3 000～5 000倍液等。葡萄白粉病菌容易对杀菌剂产生抗药性，应用时药剂要轮换使用，还必须注

意果面污染问题。

2.葡萄灰霉病 葡萄灰霉病（图7-2）是一种主要危害葡萄花冠、果实的真菌性病害，也是葡萄运输、贮藏期烂果的重要因素之一。该病的病原菌属于高湿、低温型病害。

图7-2　葡萄灰霉病症状
左：危害叶片　右：危害花序

（1）症状诊断　葡萄灰霉病主要危害葡萄的花冠、花蕊、幼果、穗轴、果梗和成熟的果实，在花期危害花冠和花蕊是此病的重要环节，虽然也可危害新梢和叶片等，但一般很少造成重大灾害。花穗受害时，首先花冠出现似热水烫过的水渍症状，很快变为淡褐色、暗褐色或红色，软腐；湿度大时，受害的花序上长出灰色霉层；棚室内空气干燥时，受害花序萎蔫干枯，易脱落，或部分残留在花穗上。穗轴和果梗被害时，最初形成褐色小斑块，后变为褐色病斑，逐渐环绕穗轴和果梗一周，引起果穗和幼果枯萎脱落。成熟的果实得病往往是果实开裂或有创伤部位，初产生褐色凹陷斑，以后果实腐烂，并波及周边的果粒，最后引起果穗腐烂，上面布满灰色霉层，并可形成黑色菌核。叶片得病，多从边缘和受伤部位开始，湿度大时，病斑扩展迅速，很快形成轮纹状、不规则大斑，其上生有灰色霉状物，病组织干枯，易破裂。此病诊断的最重要特征是在受害器官上产生肉眼易见的灰色霉层。

（2）防控技术

①减少病源。此方法与防控葡萄白粉病相同。

②栽培管理。及时绑蔓、摘心、剪除卷须、过密的副梢、花穗、叶片等，增加冠层通风透光；避免过量施用氮肥，增施钾肥，防止植株徒长，防止架面枝叶过密、郁闭；葡萄开花期尽量控制灌水，最好实施膜下滴灌；为了防止裂果，可尽早疏果、摘粒和套袋；温室葡萄灰霉病严重时，可进行高温闷棚，即在晴天中午闷棚2小时，温度控制在33～36℃，每10天闷1次，连续3次，可有效控制病害发展。

③药剂防治。花穗抽出后，灰霉病的主要用药是：啶酰菌胺、吡噻菌胺、腐霉利、异菌脲、咯菌腈、嘧霉胺等。亦可喷洒木霉菌、10%多抗霉素可湿性粉剂600倍液、50%多菌灵800倍液、70%～50%多霉灵500～1 000倍液、80%福美双可湿性粉剂800～1 000倍液、50%异菌脲1 000倍液、40%二氯异氰尿酸钠500倍液、25%腐霉利1 500倍液、68.75%恶唑菌酮1 000～1 500倍液等杀菌剂。采收前喷洒60%噻菌灵1 000倍液。注意轮换用药。

3.葡萄煤污病 葡萄煤污病（图7-3）常与霉点病伴随发生，是侵染果穗、果粒及枝叶表面的真菌性病害。

（1）症状诊断 葡萄煤污病可在葡萄所有器官上发生。初期呈暗褐色小斑点，病斑不断扩大后连成一片，在枝蔓、穗轴、果梗及叶柄

图7-3 葡萄煤污病症状

部位有时病菌积聚成堆，严重时可将整个果梗、果面、叶片覆盖，病部表面密生一层暗黑色煤烟状物。在煤污病发生的部位常常见到粉蚧类昆虫卵等，病菌多在蚜虫、白粉虱、粉蚧类昆虫分泌物或排泄物上繁殖。

（2）防控技术

①减少病源。葡萄园内清洁卫生是防控葡萄煤点病和煤污病的重要措施，结合修剪，尽量清除有病枝条、果粒、果穗和叶片等病残体，清扫地面的枯枝落叶集中烧毁。

②栽培管理。降低园区内湿度是防控病害的有效措施，葡萄开花期尽量控制灌水，控制相对湿度在70%以下。及时绑蔓、摘心、剪除过密的副梢、卷须、花穗、叶片等，防止架面枝叶过密、郁闭，增加冠层通风透光。

③药剂防治。在煤污病的化学防控中，首先是防控虫害的发生，重点防治蚜虫、白粉虱、粉蚧的发生和泛滥；如果煤污病已经发生，则在治虫的基础上控制病菌传播。凡是防控霜霉病的药剂对此病均有效。必要时，可施用70%代森锰锌600倍液、77%氢氧化铜600 ～ 1 000倍液等均有较好效果。

4.葡萄褐斑病　葡萄褐斑病（图7-4）是一种主要危害葡萄叶片的真菌病害，根据病斑的大小和病原菌的不同将其分为大褐斑病和小褐斑病2种。

图7-4　葡萄褐斑病症状

（1）症状诊断　大褐斑病的病斑直径3 ～ 10毫米，多危害植株的下部叶片；病斑圆形或不规则形，病斑边缘褐色或红褐色，有黄绿色晕圈，中央黑褐色，有时出现黑褐色同心环纹。发病后期叶片正、反面病斑上产生深褐色霉层，严重时多个病斑融合成不规则形大斑，病斑的枯死组织易开裂、破碎。小褐斑病的病斑直径2 ～ 3毫米，病斑角形或不规则形，深褐色；严重时多个小病斑融合成不规则形大斑，叶片焦枯，似火烧状；后期叶背面的病斑处产生灰黑色霉层。

（2）防控技术

①清除病源。葡萄落叶休眠后，将葡萄园内枯枝落叶清扫干净，尽量刮除老蔓上的粗皮，将其集中深埋，尽量清除初侵染来源。

②加强栽培管理。葡萄旺盛生长期，要及时绑蔓、摘心、去除过密副梢、叶片和卷须等，尽量保持冠层通风透光；实施膜下滴管或微润灌，这样可以有效降低棚内湿度；适当增施腐熟的农家肥和钾肥，控制氮肥用量，控制果实负载量。

③药剂防治。葡萄褐斑病防控的关键环节是葡萄发芽前使用保护性杀菌剂在葡萄的枝干均匀喷洒，常用的药剂有2波美度石硫合剂。葡萄生长前期可适当喷洒比例为硫酸铜：生石灰：水＝1：0.7：200的波尔多液，其他常用的杀菌剂有10%多抗霉素可湿性粉剂800倍液、80%代森锰锌可湿性粉剂600倍液、68.75%噁酮·锰锌水分散剂1 000倍液等。注意药剂的轮换使用，避免产生抗药性，同时尽量避免开花期使用杀菌剂。

（二）葡萄细菌病害

这里只谈葡萄根癌病（图7-5），它是由根癌土壤杆菌侵染引起的一种细菌性病害，也叫根头癌肿病。

（1）症状诊断　葡萄根癌病的典型症状是在葡萄的根部、根颈、老龄树干、幼龄枝蔓、新梢、叶柄、穗轴、果粒等器官上长出一至数个大小不等、形状各异的瘿瘤（或称癌肿）状组织，患病树初期形成的瘿瘤较小，随着树体的生长，瘤体也不断增大，颜色变成褐色或深褐色，表面

图7-5　葡萄根癌病症状

粗糙，龟裂，内部组织木栓化，空气潮湿时瘤体腐烂，具有腥臭味。瘤体大小不等，一般0.5～10厘米，瘿瘤生长1～2年

后干枯死亡，存留在树上形成"僵瘤"，较硬。造成营养输送障碍，植株生长衰弱，节间缩短，叶片小而黄，果穗少而小，果粒大小不齐，春天萌芽延迟，严重者全株枯死。

（2）发病规律　葡萄根癌病菌主要在土壤中或病株及瘿瘤组织内越冬，成为病害的初侵染来源。病菌在土壤中未分解的病残体内可存活 2～3 年。病原细菌主要通过嫁接、修剪、摩擦、昆虫、农事作业及冻害等所造成的伤口侵入，也能从气孔侵入。病菌侵染健康植株的表皮组织后，诱导伤口周围的薄壁细胞不断分裂，使组织增生而形成瘿瘤。冻害是发病的重要因素，凡遭受霜冻或冬季低温冻害的葡萄，翌年病害发生严重；氮肥施用偏多、修剪过重、果实负载量大、树体成熟度不良，同样易导致病害发生。

（3）防控技术

①选栽健康粗壮的苗木。利用抗病砧木、无菌接穗和插条培育无毒、无菌苗木，可适当提高嫁接部位；严禁从重病区调运葡萄繁殖材料和苗木；用于苗木繁殖的母树应进行检测确认。

②苗木消毒。在定植前，将苗木或插条用硫酸铜 100 倍液浸泡 5 分钟，再放入 50 倍液石灰水中浸泡 1 分钟或用 3% 的次氯酸钠溶液浸泡 3 分钟进行消毒处理。

③栽培防病。避免过量施用氮肥而造成植株徒长；避免土壤和架面湿度过大；农事操作时应尽量避免制造过多伤口，尤其是越冬下架时产生的伤口极易感染；严格按要求防寒，免遭冻害；葡萄生长期应随时观察，若发现病株须及早拔除烧毁，挖净残根并将根际土壤用 1% 硫酸铜溶液进行局部消毒处理。

④药剂防治。必要时，可刮除病瘤，然后用 3～5 波美度石硫合剂、80% 乙蒜素乳油 200 倍液或 46% 氢氧化铜水分散粒剂 1 500 倍液涂抹伤口，另外有些生防菌剂如 HLB-2、E26、M115 等，对缓解病害有一定作用。

（三）葡萄病毒病害

阳光玫瑰葡萄是 2007 年前后由日本传到我国的种源，既有脱毒苗，又有带毒苗。现在带毒的种源已遍布大江南北，祸害无穷。

1.什么是葡萄病毒　病毒比细菌还要小得多，在普通显微镜下是看不见的，要用电子显微镜放大几百倍甚至上万倍才能看清。它没有细胞结构，但具有一定形状，由内核和外壳组成。

病毒的内核是核酸，外壳由蛋白质组成。病毒的繁殖方式主要是改变寄主代谢途径，在寄主体内合成病毒的核酸和蛋白质，然后再形成新的病毒。病毒的繁殖能力很强，在条件合适时几天内个体数量可以增加几百倍至十万倍以上。多数病毒只能在寄主细胞中生活，一旦离开寄主组织，便失去传染性。所以，葡萄病毒主要依靠无性繁殖时传染。

当前，全世界报道的葡萄病毒种类已达20个属55种之多，我国已发现的葡萄病毒有葡萄扇叶病毒、卷叶病毒、斑点病毒等，危害严重，发生普遍。

2.我国葡萄病毒病害的防控　目前，世界各国对葡萄病毒病（图7-6）都还没研究出良好的治疗办法，葡萄植株一旦被病毒侵染，将终生带毒，持久危害，没有药剂可以有效预防或控制。

图7-6　葡萄扇叶病毒病

美国、意大利等国家现已研究出一套防止葡萄病毒病扩散的防御措施，即建立葡萄无病毒苗木繁殖和生产体系，为根本上消除葡萄病毒病的扩散和蔓延找到了可靠的途径。主要是采取隔离和防止扩散的防治措施：

①注意病情检测，发现病株及时挖出烧毁，同时对栽植点的土壤消毒。

②严格病毒检疫制度，严禁在病区繁殖苗木或将带病毒的枝芽及苗木传播到外地，防止扩散。

③通过立法在无病毒区建立无病毒母本园、基础园和生产园，禁止带有病毒苗木建园。

我国对葡萄病毒病害的研究也已提到科研工作日程，中国农业科学院果树研究所、郑州果树研究所、有关省市农林果研究机构和大专院校以及私营企业、葡萄生产户等从各自的实力和需要出发，开展葡萄病毒和病毒病害的研究，现已取得一些成果。如中国果树研究所（兴城）、沈阳长青葡萄科技有限公司等单位已经建立起贝达砧木和部分品种（包括阳光玫瑰）接穗的无病毒母本园，每年都产出大量无病毒鲜食葡萄嫁接苗木供应市场。为了实现我国葡萄无病毒化，为此，仅向有关主管单位和葡萄产业人士提出如下建议：

①组织有关科技人员进行葡萄病毒病害调查，摸清病害详情后对病区、病园、病树立即进行封锁，限制带毒种源再扩散。

②政府对带毒种源的业主（果农或私营公司）进行补贴，限令将毒株挖掉烧毁、土壤消毒、土地静置三年后检测无葡萄病毒后才能再利用。

③制订葡萄无病毒栽培相关条例法规。

（四）葡萄缺素症

1.葡萄缺钾

（1）症状诊断　葡萄缺钾的症状（图7-7）主要表现在叶片上，在葡萄生长季前期缺钾，植株基部叶片叶缘褪绿发黄，继而在叶缘产生褐色坏死斑，不断扩大并向叶脉间组织发展，叶缘卷曲下垂，叶片畸形或皱缩，严重时叶缘组织焦枯，

图7-7　葡萄缺钾症状

甚至整叶枯死。葡萄生育中后期缺钾，枝梢基部的老叶片表现出黑叶。枝蔓发育不良，果实小，含糖量降低。

（2）防控技术

①增施有机肥。

②根部和根外追肥。病害初发后，可于每株葡萄根际施用

0.5～1.0千克草木灰或氯化钾100～150克，5～7天内即可见效，但不宜过多施用；以后发现葡萄缺钾症状后，可在叶面喷洒草木灰50倍液、硫酸钾500倍液或磷酸二氢钾300倍液。

③改良土壤。对酸性较大的土壤需要适当施用石灰或碱性肥料，使土壤呈偏酸性或中性。

2.葡萄缺镁

（1）症状诊断　葡萄缺镁时（图7-8），最明显的症状表现在叶片上。最初从植株的基部叶片开始，叶脉间组织发亮，叶缘首先变黄，随着镁素缺乏的加重，黄化在叶脉间逐渐往叶柄方向延伸，叶脉仍保持绿色，呈现叶脉与叶脉间楔形黄色条带相间，故一般称之为"虎叶"（即虎皮状）。严重时叶脉间黄化条纹、条带部位褐变枯死。缺

图7-8　葡萄缺镁症状

镁症状一般在葡萄开花后出现，开花前少见。缺镁的葡萄易发生叶皱缩，使枝条中部叶片脱落，枝条呈光秃状。

（2）防控技术

①施肥措施。适当增施充分腐熟或经过无害化处理的农肥、堆肥、厩肥等有机肥或生物有机肥作为基肥，一般每株沟施300克。

②叶片诊断施肥。当葡萄叶片中的镁素含量在0.15%以下时表明葡萄已经缺镁，可采用50倍液硫酸镁叶面喷施2～3次。

③栽培措施。设施葡萄可采取高畦式限根栽培或台田限根栽培，这样能适当增加地温，可有效控制此病发生。

3.葡萄缺硼

（1）症状诊断　葡萄缺硼时（图7-9），可在植株的叶片、新梢、花穗和幼果上表现出症状。在叶片上，葡萄生长早期幼叶（展开2周左右）先端出现油浸状淡黄色斑点，随着叶片生长而逐渐明显，叶缘及叶脉间褪绿、白化，新叶弱小、皱缩、畸形，严

重时，叶片像西瓜皮样花叶；新梢发病时，常从新梢尖端开始，节间缩短，枝蔓上出现褐色斑，成熟不良，严重时新梢枯死，在枝梢快速生长期间，缺硼会使节间于一处或几处略膨大、肿胀，髓部坏死；花期受害时，一般花冠不脱落呈茶褐色、

图7-9 葡萄缺硼症状

筒状，严重时花序枯萎、干缩，形成所谓"赤花"状，受精不良，坐果率低；缺硼植株结实不良，即使结实，也常常是圆核或无核小粒果，在果实膨大期缺硼可引起果肉组织褐变坏死，在葡萄硬核期缺硼易引起果粒维管束和果皮褐枯，果粒停止生长、变硬，成为"石葡萄"。

（2）防控技术

①肥水管理措施。在深耕基础上，需要增施充分腐熟的有机肥或生物有机肥作为基肥。适时灌水，避免葡萄根区干旱。

②对症施治。对酸性土壤，结合施基肥，加施硼肥0.2克/米²，或每株大树施硼砂10克左右，施后立即灌水，如此施用3年有效；对缺硼较重的碱性土壤，因葡萄根系吸收不良，可采用叶面喷施硼素的方法。

③叶片诊断施肥。当叶片中硼素含量在15毫克/千克以下时，于开花前1～2周，用500倍液的硼砂（或硼酸）或21%多聚硼酸钠2 000倍液喷施叶面，或于开花后10～15天，叶面喷施400倍的硼酸液1～2次。

4.葡萄缺锌

（1）症状诊断 葡萄缺锌（图7-10）时最典型的症状表现在叶片上。叶片上常表现出2种症状，一是新梢叶片变小，常称"小叶病"，叶片基部开张角度大，叶片边缘锯齿变尖，叶片不对称（即主叶脉的

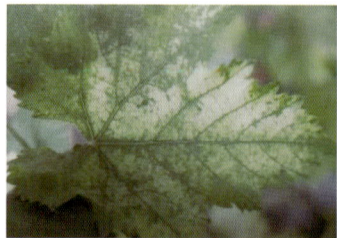

图7-10 葡萄缺锌症状

一边比另一边大）。另一种症状为花叶，叶脉间失绿变黄（红色和黑色果实的葡萄品种有时脉间变红），叶脉清晰，具绿色窄边，褪色较重的病斑最后坏死。

（2）防控技术

①增施有机肥。

②叶面施锌。当发现葡萄叶片发生缺锌症状时，可在发生症状的葡萄叶面上喷施1 000倍液的硫酸锌溶液。

③剪口涂抹锌。在葡萄缺锌时，于新梢修剪的剪口处涂抹硫酸锌，可使病树恢复正常，产量也有所增加。

5.葡萄缺锰

（1）症状诊断 葡萄缺锰（图7-11）时，枝梢基部叶片开始发白，很快在脉间组织出现黄色小斑点，斑点呈镶嵌状排列，后期许多黄色小斑相互连接，使叶片主脉与侧脉之间呈现淡绿色至黄白色，黄白色面积扩大时，大部分叶片在主脉之间失绿。朝阳方向的叶片比朝阴方向的叶片症状表现严重。过度缺锰时，葡萄枝梢、叶片和果粒生长受限，果实成熟缓慢。

图7-11 葡萄缺锰症状

（2）防治技术

①增施有机肥。

②叶面施锰，可在葡萄叶片生长期喷施500～1 000倍液的硫酸锰水溶液或0.3％的硫酸锰+0.15％的石灰水溶液，喷洒次数依病情发展而定。

6.葡萄缺铁

（1）症状诊断 葡萄缺铁症状（图7-12）首先表现在植株的新梢上，幼叶的脉间先发生叶绿素破坏，

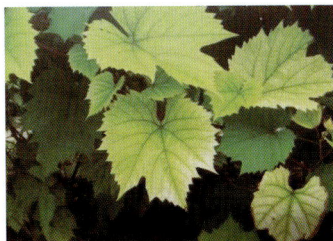

图7-12 葡萄缺铁症状

呈现典型的"黄叶病"。小叶褪绿从叶缘开始由脉间逐渐向内扩展，最后整叶黄化或白化。

病害严重时，叶片由上而下逐渐变褐坏死、干枯脱落；新梢生长衰弱，花蕾黄化、脱落，坐果减少。

（2）防治技术

①肥水措施。对盐碱重的土壤应增施充分腐熟的有机肥或生物有机肥作为基肥；土壤干旱时，应及时灌水压盐，以减少表土含盐量。

②叶面施铁。初发生葡萄缺铁现象时，可用柠檬酸铁或黄腐酸铁等喷施，也可喷施0.5%硫酸亚铁+0.15%柠檬酸溶液或螯合铁2 000倍液，施用次数视病情而定。

③土壤施铁。葡萄缺铁发生严重时，可用螯合铁或硫酸亚铁每株200克与农家肥混匀根施。

（五）葡萄害虫

1.烟蓟马

（1）危害症状　烟蓟马有成虫、卵和若虫三种虫态，并以一、二龄若虫和成虫锉吸式口器取食汁液的方式危害葡萄。一般主要危害葡萄的幼嫩器官和组织，如花蕾、穗轴、幼果、嫩叶和新生枝蔓等。烟蓟马一年可发生多代，在温室内发生代数更多，入冬时最多达20代，每代历期9～23天，在生育的后期各世代的虫态常相互重叠，混合发生。以蛹、若虫或成虫在葡萄枯枝落叶、杂草及土缝中越冬。

（2）防控技术

①消灭越冬虫源。当葡萄完全落叶后，越冬前结合修剪彻底清除设施内枯枝落叶和杂草等，集中拿出室外销毁。

②生态防控。设施内为了杜绝外来虫源进入，可在窗口或防风口设置防虫网阻隔；当发现有少量害虫时，可利用其对蓝色和白色的趋性，设置普通蓝色黏虫板、白板+诱芯等措施诱杀；大量发生时，可采用高温高湿闷棚办法，保持温度35℃，相对湿度90%，闷棚2～3天。

③药剂防治。在烟蓟马发生严重时，首先考虑使用生物源杀虫剂，如0.3%印楝素乳油、除虫菊素、多杀霉素等；也可用1.8%阿维菌素乳油3 000 ~ 4 000倍液，喷药时期应在开花前1 ~ 2天或初花期进行。也可选用3%啶虫脒乳油1 500倍液、10%吡虫啉可湿性粉剂1 500倍液以及虫螨腈、氯氟氰菊酯等药剂，注意轮换用药。

2.绿盲蝽

（1）危害症状　绿盲蝽有成虫、卵和若虫三种虫态，并以若虫和成虫危害葡萄植株的幼嫩器官，刺吸葡萄未展开的嫩芽或刚刚展开的嫩叶和花序等，从中吸取汁液，同时分泌一些毒素或酶类。严重时叶片上聚集许多刺伤孔，致使叶片皱缩、畸形甚至碎裂，全叶只剩叶缘和叶脉无叶肉、无叶绿素，生长受阻。花蕾、花梗受害后干枯、脱落。绿盲蝽危害症状如图7-13。

图7-13　葡萄绿盲蝽危害状
左：虫体　中：危害叶初期　右：危害叶中期

（2）防控技术

①消灭越冬虫卵。当葡萄完全落叶后，越冬前结合修剪彻底清除葡萄园内枯枝落叶、植株老皮、杂草等，集中拿出园外销毁。

②生态防控。设施内为了杜绝外来虫源进入，可在窗口或防风口设置防虫网阻隔。当发现有少量害虫时，可利用其对绿色和黄色的趋性，设置普通绿色黏虫板或黄色黏虫板等措施诱杀，也可设置黄色诱捕灯或频振式杀虫灯。避免在葡萄行间种植其他果树、蔬菜、花卉等，清除周边杂草。

③药剂防治。在绿盲蝽危害严重时，在葡萄萌芽前，喷洒3波美度石硫合剂1次。于葡萄萌芽初期和新梢刚抽生时喷洒新烟碱类或苦参碱类药剂。应急措施可考虑采用化学农药，常用的有3%啶虫脒乳油1 500倍液、10%吡虫啉可湿性粉剂1 500倍液及高效氯氰菊酯、联苯菊酯等，连续喷2次。

3.葡萄叶蝉

葡萄叶蝉属于同翅目，叶蝉科，主要有2种：葡萄二星斑叶蝉和葡萄二黄斑叶蝉，这里重点描述二星斑叶蝉。

（1）危害症状　葡萄二星斑叶蝉的成虫、若虫主要以刺吸方式吸食葡萄汁液，常群集在叶片背面取食。被害叶片最初出现小白点，严重时斑点连片成大白斑，使整叶失绿、白化甚至焦枯，引起早期落叶，次年花芽分化不整齐。葡萄叶蝉发生较多时，因虫粪等分泌物污染叶片、果实、穗梗等，易诱发葡萄煤污病发生，致使叶片、果实、穗梗等变成污黑状。葡萄叶蝉危害状如图7-14。

图7-14　葡萄叶蝉危害状
左：虫体　右：危害状

（2）防控技术

①消灭越冬成虫。参见烟蓟马的防控措施。

②生态防控。在窗口或防风口设置防虫网阻隔。设置普通黄色黏虫板诱杀，也可设置黄色诱捕灯或频振式杀虫灯。避免在葡萄行间种植其他作物，清除周边杂草。葡萄生长期间注意及时抹

芽、摘副梢、整枝打杈、绑蔓、通风等。

③药剂防治。葡萄叶蝉对药剂比较敏感，用于防治烟蓟马的药剂对叶蝉大都有效。在叶蝉发生严重时，于葡萄新梢抽生展叶后首先考虑使用生物源杀虫剂，如0.3%印楝素乳油、除虫菊素、多杀霉素等。也可用1.8%阿维菌素乳油3 000～4 000倍液。应急措施可考虑采用化学农药，常用的有高效氯氰菊酯、啶虫脒、联苯菊酯、吡虫啉等，连续喷2次。

4.葡萄瘿螨　葡萄瘿螨已成为我国葡萄生产中常发性的重要害螨之一。葡萄瘿螨通过吸食葡萄汁液，消耗葡萄营养并分泌一些酶类等刺激组织细胞增生，造成植株生长不良，一旦发生便很难根除。

（1）危害症状　葡萄瘿螨主要以吸食方式危害葡萄幼嫩叶片，其最典型症状是引起葡萄叶片正面鼓包状突起，叶背面洼陷坑内布满毡状绒毛，故也称"毛毡病"或"毛毯病"。发生严重时，除危害叶片外，也能危害葡萄嫩梢、卷须、幼果和花穗等。叶片受害后，最初于叶背面产生许多圆形或不规则形苍白色斑块，随后叶正面受害部位肿胀隆起呈鼓包状，此时叶背面受害部（因分泌物刺激）密生一层很厚的毛毡状纯白色绒毛，后期此白色绒毛变为锈褐色或红褐色。严重时，许多斑块连成一片，叶表凸凹不平，叶片皱缩、畸形、变硬，叶正面有时也出现绒毛，最后在叶正面病部出现圆形或不规则形褐色坏死斑，更严重时褐斑干枯破裂，叶片脱落，新梢萎缩不长。葡萄瘿螨危害状如图7-15。

图7-15　葡萄瘿螨危害状
1.虫体　2～4.危害状

（2）防控技术

①苗木处理。新定植的葡萄苗木，为防止将害螨带入园内，特别需要对苗木进行杀螨处理。最简单有效的办法是温汤杀螨，先把苗木和枝条放在30℃～40℃温水中浸5～7分钟，然后再移到50℃热水中浸泡5～7分钟，即可杀死潜伏在芽鳞和皮缝内的成螨。

②清除越冬螨。在已经发生葡萄瘿螨的葡萄园内，应注意在防寒前刮除枝蔓上的老皮，连同枯枝落叶一起集中烧毁或深埋。冬季防寒前和春季葡萄萌发前各喷洒一次5波美度的石硫合剂。或在芽萌动开绽后喷洒一次1～1.5波美度的石硫合剂。

③消灭发生中心。一旦发现受害叶片应立即摘除销毁，降低害螨群体基数，可以减少害螨不断繁殖与扩散。

④药剂防治。葡萄展叶后如发现短须瘿螨危害且较严重时，可喷洒99％矿物油200倍液+1.8％阿维菌素乳油2 000倍液；或99％矿物油200倍液+噻螨酮乳油1 500倍液；或99％矿物油200倍液+联苯肼酯悬浮剂2 000倍液。还有10％浏阳霉素乳油、20％哒螨灵可湿性粉剂等药剂均可防治。

5.短须螨

（1）危害症状　短须螨主要以成虫和幼虫刺吸葡萄的叶片、叶柄、嫩梢、果穗梗和果粒上的汁液。枝蔓受害后，树皮表面布满黑色污斑、枝蔓变脆易折，生长衰弱，先端不易成熟，严重时枯死。叶片和叶柄受害后，叶面和叶柄上出现许多褐色斑块，叶片反卷、多皱褶、枯黄，严重时焦枯脱落。果穗轴和果梗受害后，出现连片的黑色污斑，变脆、易折断。果粒受害后，表面呈现铁锈色污迹、粗糙、易龟裂，发育受阻，着色不良。图7-16为螨虫危害状。

图7-16　螨虫危害状
左：显微镜下观察到的螨虫　右：螨虫危害的果粒和果梗

（2）防控技术

①苗木处理。方法与葡萄瘿螨的温汤杀螨相同。

②清除越冬螨。方法参见葡萄瘿螨。

③消灭发生中心。方法参见葡萄瘿螨。

④控温控湿。短须螨的生长发育喜高温高湿，因此尽量将葡萄园内温度控制在29℃以下，相对湿度控制在80％以下，可以有效减轻短须螨的发生与危害。

⑤药剂防治。对螨害历年发生严重的设施葡萄，抓住早期，喷药预防，可于若螨孵化期，在高温来临以前进行控制，效果较好。常用药剂有99％矿物油乳油200倍液、1.8％阿维菌素乳油2 000倍液、20％哒螨灵可湿性粉剂4 000倍液、5％噻螨酮乳油1 500倍液、0.3％阿维菌素乳油2 000倍液等喷雾防治。严格按说明书操作，交替使用药剂。

6.二斑叶螨

（1）危害症状　二斑叶螨以成虫、幼虫和若虫群集危害，主要吸食葡萄的叶片和果实。受害叶片最初失绿，呈黄白色小斑点，后出现连片的白、红或黄色斑块，致使叶片大部呈红色或黄白色，影响光合作用，叶皱缩、畸形，严重时吐丝结网，叶片干枯死亡。

（2）防控技术

①苗木处理。方法与葡萄瘿螨的温汤杀螨相同。

②清除越冬螨。方法与葡萄瘿螨相同。

③消灭发生中心。在葡萄二斑叶螨发生较少的葡萄园内，应随时注意观察，尤其是靠墙体、棚角等附近的葡萄，一旦发现受害叶片应立即摘除销毁，降低害螨群体基数，可以减少害螨不断繁殖与扩散。

④阻隔措施。二斑叶螨最初多从棚室外随气流、昆虫、农事操作、工具等传入，尤其注意门窗、通风口和棚膜缝隙等处，为了杜绝外来虫源进入，可在窗口或放风口设置防虫网阻隔，人为操作时也要注意清洁卫生。

⑤药剂防治。抓住早期，在高温来临以前进行控制，效果较

好。主要药剂有：螺螨酯、哒螨灵、联苯肼酯、乙螨唑、丁氟螨酯。亦可用0.5%藜芦碱可溶液剂400～600倍液、1%苦参碱可溶性液剂1 000～1 500倍液、99%矿物油乳油200倍液、1.8%阿维菌素乳油2 000倍液、20%哒螨灵可湿性粉剂4 000倍液等。严格按说明书操作。

二、葡萄主要灾害与防控技术

（一）冻害

葡萄冻害，是低温（冰点以下）使树体不同部位器官细胞内的水分发生结冰，细胞因原生质严重脱水而凝固，从而使细胞死亡。如果温度下降不大，低温持续的时间较短，葡萄树体内结冰不多，温度回升后结冰很快融化，其冰水又被细胞重新吸收，没有受到伤害的原生质重新获得生机，细胞仍能恢复原状。如果温度下降很低，低温持续时间又长，葡萄树体内各组织细胞大多数都已结冰，原生质严重失水，成为不可逆凝固，升温解冻后也不可能恢复生机，则葡萄因严重冻伤而局部组织坏死或整株死亡。

1.葡萄冻害表现　葡萄冻害主要表现在根系，欧亚种葡萄的幼根在$-5～-4℃$时即受冻，美洲种葡萄如贝达根系在$-13～-12℃$受冻，我国山葡萄其根系能抗$-16℃$低温，欧美杂交种根系忍受低温的能力大多居欧洲种和美洲种之间。葡萄根系受冻害表现为形成层变黑，皮层与木质部分离。如果形成层还是绿色，受冻根系仍能恢复生长。

葡萄越冬的枝芽，虽能抗$-20～-18℃$低温，但如果枝条木质化成熟度较差，遇上低温持续时间又长时，则在$-15～-10℃$时冬芽即可受冻。受冻严重的枝条变褐变黑，冬芽脱落，枝条枯死。

葡萄在生长期抵抗低温能力显著下降，春季嫩梢和幼叶在$-1℃$时受冻害，枯萎、脱落；花序在$0℃$时受冻害；开花期$1℃$时雌蕊受冻害，不能坐果；秋季叶片和浆果在-5 ~ -3℃时受冻害，叶片很快枯萎，浆果结冰但不脱落。

2.葡萄冻害类型

（1）霜冻 指的是气温在0℃以上，短时间内下降至0℃足以使植物受伤害或死亡的灾害性天气。根据发生的时间，可以把霜冻分为早霜冻和晚霜冻。

早霜冻。在秋季果实成熟前发生，常导致果实和叶片受冻害，果实不能正常成熟，叶片不能正常落叶。

晚霜冻。在春季树体萌芽后至幼果期发生，常造成嫩芽、嫩梢、花朵、幼果受冻害，影响当年开花、授粉、坐果和幼果生长与脱落。

葡萄枝条冻害的危害程度，通常采用生长和组织变褐法进行分级鉴定，其分级标准如下。

一级：截面呈鲜绿色，无冻害。

二级：髓部、木质部和形成层均呈绿色或浅绿，轻微冻害。

三级：髓部、木质部呈淡黄色，皮层呈淡褐色，形成层绿色，中度冻害。

四级：髓部、木质部呈褐色，皮层呈褐色，形成层黄绿色，严重冻害。

五级：髓部、木质部和皮层均呈褐色或黑色，形成层也变褐色或黑色，死亡。

（2）根系冻害 前已指出葡萄根系对低温抵抗能力较弱，在我国北方地区冬季气候寒冷，葡萄根系常有冻害现象。经调查研究，提出全国露地葡萄越冬防寒"-15℃线"的标准。该标准规定：冬季绝对低温"-15℃线"以北地区露地葡萄必须下架埋土防寒越冬，"-15℃线"以南地区的露地葡萄可以在架上越冬，但并不等于就能完全安全，不仅需要树体健康、环境正常，还需要栽培技术的密切配合，使葡萄植株过冬前枝蔓完全木质化并有足够的营养贮藏，才能正常越冬。然而，全球冬季大气流动有的年份往往特别寒冷，就在"-15℃线"以南，绝对低温也可能出现低于−15℃的现象，而土壤50厘米以上温度降至−6℃以下时，葡萄根系就有可能发生不同程度的冻害，其根系冻害程度按田间观察调查法进行分级评定。

一级：髓和木质部呈乳白色，皮层和形成层呈鲜绿色，无冻害。

二级：髓和木质部呈乳白色，皮层呈绿褐色，形成层呈鲜绿色，轻微冻害。

三级：髓和木质部呈淡黄色，皮层呈绿褐色，形成层呈鲜绿色，中等冻害。

四级：髓和木质部呈黄褐色，皮层呈黄褐色，形成层呈绿褐色，严重冻害。

五级：髓和木质部以及皮层均呈褐色或黑色，形成层变褐色，皮层与木质部分离，用手一撸皮层即脱出，根系死亡。

（二）冰雹

冰雹是夏季或春夏之交时期较为常见的固态降水物，也是一种局地性强、季节明显、来势急、持续时间短，以砸伤为破坏性极强的自然灾害。

冰雹的发生有明显的地理特点，与大气气流、山脉、河谷的走向密切相关，也与平坦区域中河流、湖泊、森林、树木、植被等分布和生态环境好恶有关。所谓"冰雹一条线"，就是冰雹形成的地理生态原因。

防雹在于认知"雹线"和改造"雹线"。如果人们已经理清"雹线"的起始点，就可按"金山银山"的理论进行生态建设，达到一定生态标准后，就能消除形成冰雹的气象条件，"雹线"就会自消自灭。

葡萄防雹对当前我国的技术和经济来说，实属易事。一是葡萄进行设施保护栽培，葡萄进大棚或葡萄架顶部设置防雹网进行有效保护。二是及时消除"造雹云层"，根除"雹灾起源"；各地均有民兵组织，为民兵配备37毫米口径的双管防雹高射炮和碘化银炮弹，遵照《高炮人工防雹增雨作业业务规范》进行作业，炮弹就能击中"雹云"，改变冰雹生长形成的物理过程，消除或降低成雹条件，抑制冰雹的增长或当即转化为雨。

（三）雪灾

雪是指从混合云层中降落到地面的雪花形态的固体水，当云下气温低于0℃时，雪花就会持续从天空降落地面，如果云下气温稍高于0℃时，则可能出现雨夹雪。我国山东、河北、山西、陕西、甘肃、青海等北纬35°线以北（包括东北、内蒙古、新疆）地区，以及北纬35°线以南某些高海拔山地可能出现的降雪。

1.降雪等级 以每天降雪后融化的水量作为降水量标准（毫米/天），共分四个等级：

小雪，0.1 ~ 0.24毫米/天；中雪，0.25 ~ 4.9毫米/天；大雪，5.0 ~ 9.9毫米/天；暴雪，大于或等于10毫米/天。

2.雪灾的种类 以每次降雪给社会造成各种损失不同而论，可归纳为：雪崩、雪压、风雪流、雪堆积等四类。对葡萄来说尽管这四类雪都能在不同时期、不同场地引起伤害，但是，就当前设施葡萄园出现比较严重的还要数雪压灾情了。

2021年11月7日沈阳下了一整天大雪，雪厚最高的达到50多厘米，凡是塑料大棚葡萄还未落叶，几乎统统被积雪压塌，只有少数大棚的主人采取镰刀破膜的方法，使棚上积雪瞬刻落地，才保住大棚骨架。沈阳长青葡萄科技有限公司葡萄基地150多亩地上60多个大棚一夜之间几乎全部压塌，收拾废架材、塑料和葡萄树体苗木，就花了整整半年时间，损失几百万元，直到2023年春天新大棚才全部建立起来。

（四）风灾

包括大风、台风在内的风速≥17米/秒的风力，就足够折断树枝、吹落葡萄果穗、吹垮葡萄骨架。此外，干燥的大风加速葡萄叶片蒸腾失水，造成叶片气孔关闭，易导致葡萄日灼病发生。阳光玫瑰葡萄果面光亮是极为重要的商品外观指标，而风害导致叶摩擦是露地阳光玫瑰的"杀手"，必须尽早绑枝使花序或果穗下垂，避免风灾。同时大风引发的土壤风蚀，流沙地区沙尘暴等对葡萄的危害，既长远又突然。而热带气旋产生的台风，对我国东南沿海岸线一带地区的果园也会造成危害。每年约有7个台风登陆我国，最多年份达12个，最少年份也有3个。主要是由狂风和暴雨构成灾害，严重时直接掀翻葡萄架、大棚和温室棚膜，造成葡萄断枝、落果并影响花芽分化，危害严重的毁灭园地，终止葡萄生产，轻者也会导致减产增病。

防大风抗台风措施：严格选址建园；营造防风林带；设计和建造全园连体加固钢架葡萄大棚；加强葡萄园各项技术管理。

第八章
葡萄采收与采后管理

一、葡萄采收

（一）鲜食葡萄采收原则

①葡萄浆果必须完全成熟，才能采收。

②不同品种都有固定的成熟标准，只有符合本品种固有的外观（果粒大小、颜色）和检测到的可溶性固形物含量及香气合格后，才能采收。

③同一葡萄园应多次采收，尽可能按成熟度分穗采收，成熟一穗采收一穗，切忌一刀切。

（二）鲜食葡萄采收技术

1.采收时间　无需中长期鲜贮的葡萄，只要符合鲜食葡萄成熟度标准的，可随市场需求随时采收。对于需要中长期贮藏的葡萄，可以在95%成熟度左右时提前几天，在无风的晴天早晨露水干后采收，切忌在雨天、雨后、灌水或炎热日照下采收。

2.采收方法

①采收工要随身携带测糖仪和比色卡，随时测糖、比色，符合采收标准的剪下，不符合要求的保留。

②采收工一手握采果剪，一手捏握穗梗，在贴近母枝的主梗基部剪下，轻剪轻放，避免碰伤。

③剪下果穗的同时，对果穗上的病、虫、裂果粒进行剪除，

并对果穗进行修整。

④对落地、残次、腐烂、沾泥的果穗和果粒进行收集，并送包装间进行处理。

⑤采收的果穗送至包装线进行分等级包装。

⑥最后将采收的果穗按等级送保鲜库贮藏。

（三）葡萄树体恢复措施

葡萄大量结果后，树体养分近乎消耗已尽，葡萄采收后必须尽快采取施肥浇水措施，以恢复树势。通常采用地上滴灌或树上喷施都可以，每次每亩施3～5千克尿素+硝酸钾，间隔期7～10天，连续2～3次；也可以增施氨基酸肥+磷钾肥。

二、葡萄冷藏

采收后的葡萄，送车间分等级并包装后送冷库，先经－1～1℃快速预冷，使果心温度达到0℃，一般需经24～36小时，然后果实温度（品温）控制在－0.5～0℃范围和相对湿度在90%～95%的环境下贮藏。

新鲜葡萄属于鲜活的植物组织，果实内具有大量汁液。贮藏环境的温度越接近而不低于其果实的冰点温度越好，越有利于果实低呼吸少消耗营养。所以，葡萄贮藏期间的库温管控对葡萄鲜贮效果起到关键作用。

冷库温度的综合管控，除了选择仪器设备以外：

①正确选定贮温（－0.5～0.5℃）。

②蒸发器除霜。选用高压冷凉水除霜效果最好。贮藏初期要加强除霜工作，延长每次除霜时间，缩短除霜时间间隔；中后期要缩短每次除霜时间，延长除霜间隔时间。

其实，阳光玫瑰葡萄果肉脆，耐贮性特好，并不亚于欧亚种葡萄。充分成熟的果实，10月上旬采收后在沈阳住宅北阳台上放在普通纸箱内就可自然存放半个月。如果果穗先经75%酒精喷洒消毒处理后再存放，可能存放时间还能再延长。

三、葡萄冷链运输

葡萄从采摘到销售终端，各个环节均须采取全程恒温冷链，才能保持葡萄果实新鲜品质，在一定时间内不变质、不腐烂。主要环节如下：

①葡萄采用低温保温车或保温集装箱配送，以快速到达目的地。

②葡萄贮、运、销各环节所用设备均需清洁和消毒，以杀灭和减少病原微生物，减少二次污染。

③葡萄柔软多汁，贮运销过程容易发生灰霉病，在-1℃低温下仍然有感染风险，造成腐烂变质，必须采用袋装杀菌粉剂或片状保鲜剂以及保鲜垫片杀灭病菌。

四、葡萄创新销售

葡萄皮薄、肉软、多汁，鲜贮能力较差，采收后应快速销售，尽量减少损失。为此，除了广开宣传门道以外，还必须创新销售方式。

（一）树立品牌

葡萄品种多，生长发育都受土、肥、水、气、光、温、病、虫等诸多因素影响，加之栽培技术措施管控上的差别，其浆果的外观和内在品质就出现千差万别，这就出现品牌葡萄。

品牌在商品营销中作用明显，如日本阳光玫瑰葡萄产品中的品牌"晴王"，一穗葡萄在日本就可卖到5 400日元（约人民币270元）。我国是世界上鲜食葡萄栽培面积和年产量"双第一"，却还没有知名品牌葡萄出现。其实，我国很多种植户的阳光玫瑰葡萄质量并不差，应申请创立自己的品牌，有了属于自己葡萄的品牌，才能更好地提高知名度，创造更好的效益。

（二）创新销售方式

当前我国鲜食葡萄的销售方式大多处于等待收购、园地销售和市场批发3种。建议：一是与商店联销（可以成为商店的葡萄基地，或固定供货户、或派人在门市当营业员等），二是参与外贸（入股或联营），三是线上带货直销等。

五、葡萄休眠期管理

休眠是植物生长发育过程中的一个暂停现象，是植物长期演化过程中获得的对环境及季节性变化的一种生物学适应性。其实葡萄进入休眠后，树体的生理活动并未停止，此时的葡萄即使给予树体最适宜生长的环境条件也不能萌芽生长，称为自然休眠。这个时期较长，一直到翌年春葡萄萌芽抽梢止，要做好田间工作。

（一）葡萄冬季修剪

虽然在第四章冬季修剪一节中已有系统的论述，为休眠期管理的完整和系统性，在此还是有必要对结果母枝和骨干枝的更新修剪作简述。

1.结果母枝更新（图4-9）

（1）单枝更新　结果母枝剪留1～3个芽，空间小的冬芽、易成花的剪留1个芽，空间稍大的可剪留2个芽。

（2）双枝更新　对结果母枝实行一长一短修剪，上位枝根据所需剪留4～6个芽或更多，下位枝只作预备枝而不予结果，一般剪留2个芽。

2.骨干枝更新　当葡萄主蔓和侧蔓出现光秃带和生长衰弱现象，应立即果断地进行局部更新修剪才能恢复树势，保持树体健康。通常根据骨干枝生长势和所处的位置，可以分别采用：

①小更新。在主蔓或侧蔓前部选留壮枝壮芽剪截，争取局部

更新复壮。

②中更新。在主、侧蔓中部出现光秃带后，必须寻找光秃带近旁壮枝短截促发新枝，以填补空缺。

③大更新。在主蔓严重光秃、生长势衰弱、很少结果的情况下，应提前在主蔓的中下部保留预备枝（萌蘖也行），当预备枝已有分枝长成预备蔓时即可在预备蔓前锯断成为更新主蔓。

（二）清理架面和园地

冬剪后随即把架面上葡萄残留物（枝、叶、果）及杂物等清理干净，同时对地面的枯枝落叶、杂草和修剪下的枝叶等清扫干净，并剥除葡萄干枝上的老皮，统统运出葡萄园销毁。然后对树体、架材、设施内墙和地面喷洒 $3 \sim 5$ 波美度石硫合剂消毒杀菌灭虫。据最新报道：30%松脂酸钠水乳剂作清园剂，既杀虫又灭菌，其活性比石硫合剂高10倍，持效期 $4 \sim 5$ 个月。

（三）修整设施

每年入冬前都要对葡萄设施（包括温室、大棚、葡萄架、肥水系统、供电系统、道路系统）进行全面检查，发现破损、缺失的零部件，进行更换或修理。

（四）葡萄越冬防寒

1.日光温室葡萄越冬防寒（图8-1） 日光温室内的葡萄，由于设施封闭管理，保温保湿性能好，葡萄可以不下架，只需对设施表面覆盖保温材料进行防寒，植株即可安全越冬。

2.塑料大棚葡萄越冬防寒（图8-2） 根据我国冬季南北温度差别很大的实际情况，应该划出一条适合葡萄能安全越冬的南北温度线，可惜目前全国还没有完整的"大棚葡萄越冬温度安全线"。所以，现在只能假设一条"-15℃低温线"。

（1）冬季"-15℃低温线"以南地区 塑料大棚内葡萄可以不下架防寒也能安全越冬。但是，为了防止空气湿度过低引起葡

图8-1　日光温室葡萄越冬防寒

图8-2　塑料大棚葡萄越冬防寒
左：葡萄下架埋土防寒　　右：葡萄下架盖被防寒

萄枝条风干失水（所谓的"抽条"），当棚外气温连续低于－10℃时，设施晚间必须关闭所有通风口实行全封闭，当空气湿度低于50%时，就必须向架上枝蔓喷水，以防"抽条"。

（2）冬季"－15℃低温线"以北地区　塑料大棚葡萄可以根据当地实际情况采取以下任意一种防寒方法：

①埋土防寒。塑料大棚内抗寒砧嫁接苗先在枝蔓上覆盖一层编织布（带膜彩条布）或旧塑料膜保湿，然后再覆土宽度1米左

右，厚度15～20厘米即可。品种自根苗覆土适当加厚加宽。

②覆盖保温被防寒。下层同样先覆盖一层保湿布或保温膜，再覆盖一层保温被保温。

③起拱表面覆盖保温材料防寒。在葡萄枝蔓上覆盖一层保湿布或膜，然后再盖一层保温被保温。所以在冬季寒冷时可以封棚保温，在以后温度升高后又可适时打开覆盖保温被进行通风。

④大棚塑面上覆盖保温材料防寒。可根据冬季绝对最低温度（极低值）来设计覆盖保温材料，其棚内气温和地温变化较大，最好设置气温和地温的温度传感器，设定防冻指标，实行自动报警，以便及时采取补温措施。尤其要预防葡萄枝蔓风干，要保持棚内相对湿度60%上下，有条件的可定时往葡萄枝蔓喷水，补充空间湿度，以防枝蔓风干"抽条"。

后　记

　　《阳光玫瑰葡萄精品果培育技术》终于正式出版了。在过去的编写过程中，我深感重负，字字句句都牵动着"我为果农服务"的一颗心！

　　在这本书与大家见面的时刻，不得不提为本书提供大量原始资料的同事刘俊（中国农学会葡萄分会会长）、赵常青（沈阳市林业果树研究所研究员兼业务副所长）、蔡之博（沈阳市林业果树研究所研究员）、杨志明（四川果怡农业科技有限公司总经理）、高福明（浙江省长兴县葡萄行业协会会长）等，以及我国葡萄相关网站，如葡萄管理网、191服务中心，葡萄种植联盟、葡萄种植交流会、葡萄记事、百度、花果飘香、北方园艺、西秦农人、农资人、渭南果业等。有了他们热情的支持，才有今天本书的出版。本应该在书中引用处详细标注，只因笔者阅读网文的时间短促，未能及时记录原始作者，现已无法一一标注，请予谅解！在此，对于支持本书创作的同事、朋友们致以万分感谢和崇高敬意！

严大义

2023年8月于沈阳